现代学徒制
中高职衔接　　模具设计与制造专业核心课程"十三五"规划新形态教材

模具拆装与测绘

U0303219

编　著	陈黎明	简忠武	卢尚文	邓远华			
编　委	胡智清	刘少华	陆元三	刘红燕	徐文庆	张红英	宫敏利	刘隆节
	孙忠刚	彭　欢	宋炎荣	龚煌辉	蒋海波	宋新华	刘　波	刘立微
	吴光辉	贾越华	葛　立	刘友成	唐　波	谭补辉	徐绍贵	王正青
	赵建勇	陆　唐	谢学民	胡少华	李义云	盘臆明	陈艳辉	李凌华
	周柏玉	陈昆明	戴石辉	张腾达	易悦诚	李　立	王　健	舒仲连
	杨志贤	赵卫东	卢碧波	龚林荣	王端阳	彭向阳	苏瞧忠	李清龙
	盘九兵	欧阳盼	陈志彪					
主　审	尹韶辉	汪哲能						

华中科技大学出版社
http://www.hustp.com
中国·武汉

图书在版编目(CIP)数据

模具拆装与测绘/陈黎明等编著.—武汉：华中科技大学出版社，2019.2(2022.7重印)

现代学徒制中高职衔接模具设计与制造专业核心课程"十三五"规划新形态教材

ISBN 978-7-5680-4854-5

Ⅰ.①模…　Ⅱ.①陈…　Ⅲ.①模具-装配(机械)-职业教育-教材②模具-测绘-职业教育-教材　Ⅳ.①TG76

中国版本图书馆 CIP 数据核字(2019)第 028087 号

模具拆装与测绘　　　　　　　　　　　　　　陈黎明　简忠武　卢尚文　邓远华　编著

Muju Chaizhuang yu Cehui

策划编辑：袁　冲

责任编辑：狄宝珠

封面设计：孢　子

责任监印：朱　玢

出版发行：华中科技大学出版社(中国·武汉)　　　电话：(027)81321913

　　　　　武汉市东湖新技术开发区华工科技园　　　邮编：430223

录　　排：华中科技大学惠友文印中心

印　　刷：武汉邮科印务有限公司

开　　本：787mm×1092mm　1/16

印　　张：10

字　　数：250 千字

版　　次：2022 年 7 月第 1 版第 3 次印刷

定　　价：36.00 元

序

模具设计与制造专业中高职衔接核心课程教材的编写方案

模具设计与制造专业中高职衔接一体化人才培养试点项目是湖南省职业教育"十二五"省级重点建设项目,湖南工业职业技术学院、湖南财经工业职业技术学院为试点项目建设牵头的高等职业技术学院,参与试点项目建设的中职学校有中南工业学校、长沙市望城区职业中等专业学校、湘阴县第一职业中等专业学校、宁乡职业中专学校、祁阳县职业中等专业学校、衡南县职业中等专业学校。

根据试点项目建设方案、模具设计与制造专业中高职衔接一体化人才培养方案和中高职衔接核心课程建设方案对中高职衔接核心课程建设的要求,湖南工业职业技术学院、湖南财经工业职业技术学院牵头组织郴州职业技术学院、邵阳职业技术学院、湘西民族职业技术学院、湖南铁道职业技术学院、株洲市职工大学、益阳职业技术学院、湖南汽车工程职业学院、湖南科技职业学院、娄底职业技术学院、怀化职业技术学院、湖南九嶷职业技术学院、潇湘职业学院、湖南省汽车技师学院、衡阳技师学院、娄底技师学院、湘潭技师学院、益阳高级技工学校、衡南县职业中等专业学校、中南工业学校、长沙市望城区职业中等专业学校、湘阴县第一职业中等专业学校、宁乡职业中专学校、祁阳县职业中等专业学校、祁东县职业中等专业学校、平江县职业技术学校等职业院校,并联合华中科技大学出版社、浙大旭日科技开发有限公司、长沙市全才图书有限公司,多次召开"湖南省中高职人才培养衔接试点项目启动暨项目实施研讨会""湖南省模具设计与制造专业中高职衔接暨现代装备制造与维护专业群课程建设项目研讨会"等专题研讨会议,确定了模具设计与制造专业中高职衔接课程教材编写方案:模具设计与制造专业中高职衔接课程教材编写方案的构建基础是中高职衔接人才培养过程,须兼顾中职、高职阶段的人才培养目标;根据中职模具制造技术专业毕业生、高职模具设计与制造专业毕业生分别面向的职业岗位,构建基于岗位职业能力递进的中高职课程体系和中高职课程衔接方案,实现岗位与专业课程的对接以及中、高职院校专业课程及教学内容无痕衔接;编写模具设计与制造专业中高职衔接核心课程教材的总体思路是,中高职衔接核心课程应该能体现中、高职两个阶段知识和技能逐步提升的认知规律和技能养成规律,充分体现基于模具制造岗位能力递进、模具设计岗位能力递进和模具装配、调试与维护岗位能力递进等三个岗位能力递进。具体方案如下:

一、模具设计与制造专业中高职衔接课程教材编写方案的构建基础：中高职衔接人才培养过程，须兼顾中职、高职阶段的人才培养目标

在制定模具设计与制造专业中高职衔接人才培养目标的过程中，通过对试点院校衔接试点专业人才培养方案的分析，结合模具设计与制造行业企业对中高职衔接试点专业即模具设计与制造专业技术技能型人才需求的特点，通过专业需求调研和毕业生跟踪调查，中高职试点院校共同确定中职、高职阶段的人才培养目标。

中职阶段的培养目标是，面向模具制造行业及模具产品相关企业模具制造工、装配钳工等一线岗位，培养与我国社会主义现代化建设要求相适应，德、智、体、美全面发展，具有良好职业道德和团队协作精神、必要文化知识，从事模具零件加工、模具品质管理、冲压设备操作、注塑成型设备操作等工作的高素质劳动者和技能型人才。

高职阶段的培养目标是，培养德、智、体、美等方面全面发展，身心健康，具有与本专业相适应的文化知识和良好的职业道德，熟悉现代制造技术，掌握本专业必备的基础理论和专门知识，富有创新意识，具有较强的成型工艺制订能力、模具设计能力、模具零件制造及装配调试能力，能在模具制造及模具产品类相关企业生产、服务一线从事模具制造、模具设计、模具装配、模具调试与维护等方面工作的高素质技术技能型专门人才。

根据中职、高职阶段的人才培养目标，结合市场对高职模具设计与制造专业技术技能型人才需求的特点，通过专业需求调研和毕业生跟踪调查，依据模具设计与制造专业主要就业岗位群对学生专业基础与专业知识、专业素养与专业技能等要求，以完成模具设计与制造岗位工作任务为目标，解析岗位职业能力要求，以职业技能鉴定标准为参照，以职业领域专业核心课程建设为切入点，分别构建了中职、高职阶段基于岗位职业能力递进的课程体系，中职阶段注重基础职业能力培养，高职阶段注重核心职业能力和职业迁移能力培养。

二、基于岗位职业能力递进的中高职课程衔接方案

在上述课程体系的基础上，编制了模具设计与制造专业基于岗位职业能力递进的中高职课程衔接情况汇总表，详见表1。该表中，集中体现基于模具制造、模具设计、模具装配调试与维护等三大类岗位能力递进的中高职衔接课程有6门：模具制造技术与实训（含加工中心、综合实训）、特种加工实训（含电火花、慢走丝）、模具制造工艺（含课程设计）、冲压工艺及模具设计（含课程设计）、塑料成型工艺及模具设计（含课程设计）、模具装配调试与维护。

三、模具设计与制造专业中高职衔接核心课程教材的编写方案

按照教学设计分层递进，教学组织梯度推进，教学内容编排由简到繁的总体思路，来确定编写模具设计与制造专业中高职衔接核心课程教材的总体思路，中高职衔接核心课程应该能体现中、高职两个阶段知识和技能逐步提升的认知规律和技能养成规律，充分体现基于模具制造岗位能力递进、模具设计岗位能力递进和模具装配、调试与维护岗位能力递进等三个岗位能力递进，具体编写方案如下。

1. 体现基于模具制造岗位能力递进的中高职衔接核心课程教材编写方案

体现基于模具制造岗位能力递进的中高职衔接核心课程有模具制造技术与实训（含加工中心、综合实训）、特种加工实训（含电火花、慢走丝）、模具制造工艺（含课程设计）等3门。

表1　模具设计与制造专业中高职课程衔接情况汇总表

序号	中职阶段(模具制造技术专业)				中高职衔接课程	高职阶段(模具设计与制造专业)			
	岗位	中职课程				岗位	高职课程		
		专业基础课程	工学交替课程	专业课程			专业基础课程	工学交替课程	专业课程
1	普车	机械制图(含机械零件测绘)、金属材料与热处理、公差配合、电工基础、技术资料检索	工学交替实习(1)企业体验、工学交替实习(2)企业实习、工学交替实习(3)企业实习、工学交替实习(4)企业实习	普通车削加工、普通铣削加工、数控编程与仿真、数控车削加工、数控铣削加工、特种加工实训(快走丝)、机械加工工艺、机械测量技术、模具CAM	模具制造技术与实训(含加工中心、综合实训)	模具制造工(含电切削工)	机械零件图和装配图的绘制(含大型作业)、模具材料及表面处理、机械设计基础(含课程设计)、工程力学、焊接工艺与技能训练、机械零件测绘、模具公差配合的选用、液压与气动技术、电子电工技术	工学交替实习(5)企业实习、工学交替实习(6)企业实习、工学交替实习(7)企业实习、工学交替实习(8)企业实习、工学交替实习(9)顶岗实习	模具CAD(Pro/E或UG)、模具CAE、压铸工艺及模具设计、工程综合训练(含高级工考证)、生产实训(含毕业设计/毕业论文)、CAXA制造工程/机械创新设计/科技论文写作、汽车内饰件制造工艺/汽车覆盖件成型工艺与模具设计/机床夹具设计/模具修复技术/逆向工程与快速成型、周边企业概况/市场营销、模具生产管理/模具价格估算/模具专业英语/企业管理
2	普铣								
3	数控加工			特种加工实训(含电火花、慢走丝)					
4	线切割				模具制造工艺(含课程设计)	模具制造工艺员			
5	质检员								
6	钳工			钳工技能基本训练、模具零件手工制作	模具装配调试与维护	模具装调工			
7	冲压工			冷冲压模具结构、模具拆装与测绘(冷冲压、塑料模具)、冲压成型设备与操作	冲压工艺及模具设计(含课程设计)	模具设计师			
8	注塑工			塑料模具结构、塑料成型设备与操作	塑料成型工艺及模具设计(含课程设计)				
9	绘图员			AutoCAD					

通过中高职衔接核心课程模具制造技术与实训(含加工中心、综合实训)的学习,学生逐步具备编制模具零件加工工艺规程的能力,掌握模具零件机械加工、数控加工的原理和方法,会使用CAM软件编程,能熟练操作加工中心,具备加工中等复杂程度模具零件的职业

能力。

通过中高职衔接核心课程特种加工实训(含电火花、慢走丝)的学习,学生进一步提高线切割加工编程、操作能力,具备绘图、软件自动编程操作能力,具备操作精密线切割机床完成复杂模具零件加工的能力,掌握电火花加工机床、慢走丝线切割机床的结构和操作方法,并能根据模具零件的技术要求进行机械加工和质量控制。

通过中高职衔接核心课程模具制造工艺(含课程设计)的学习,学生进一步掌握模具零件的类型、制造工艺特点、毛坯的选择与制造、各类表面加工方法、模具零件的固定及连接方法等知识,具备编制简单模具零件加工工艺规程的能力。

2. 体现基于模具设计岗位能力递进的中高职衔接核心课程教材编写方案

体现基于模具设计岗位能力递进的中高职衔接核心课程有冲压工艺及模具设计(含课程设计)、塑料成型工艺及模具设计(含课程设计)等2门。

通过中高职衔接核心课程冲压工艺及模具设计(含课程设计)的学习,学生可进一步熟悉冲压成型工艺方法、模具类型,会选用常用模具材料以及冲压成型设备,具备完成冲裁、弯曲、拉深、翻边、胀形等成型工艺设计、计算的能力,能完成中等复杂程度冲压模具的设计。

通过中高职衔接核心课程塑料成型工艺及模具设计(含课程设计)的学习,学生可进一步熟悉常用塑料的特性、注射模具结构,能完成塑料件结构工艺分析、制品的缺陷分析及解决、设备选用、注射成型工艺参数选择、模具方案及结构设计、成型零件尺寸计算和模架选用,具备设计中等复杂程度塑料件注射模具的能力。

3. 体现基于模具装配、调试与维护岗位能力递进的中高职衔接核心课程教材编写方案

体现基于模具装配、调试与维护岗位能力递进的中高职衔接核心课程是模具装配调试与维护,通过这门课程的学习,学生可进一步提高钳工基本操作技能;能根据模具装配图要求,制订合理的装配方案,装配冲压模、塑料模;能合理选择检测方法和检测工具,完成装配过程检验;能在冲床上安装、调试冲压模,能在注塑机上安装、调试塑料模;能完成冲压模、塑料模的日常维护、保养。

熊建武
2018 年 1 月

前言

　　本书根据国务院《关于加快发展现代职业教育的决定》、教育部《制造业人才发展规划指南》、《高等职业学校模具设计与制造专业教学标准》、湖南省教育厅《关于开展中高职衔接试点工作的通知》等关于职业教育教学改革的意见、职业教育的特点和模具技术的发展以及对职业院校学生的培养要求，根据《模具设计与制造专业中高职衔接核心课程教材的编写方案》，在借鉴德国双元制教学模式、总结近几年各院校模具设计与制造专业教学改革经验的基础上，由湖南工业职业技术学院、湖南财经工业职业技术学院、湖南铁道职业技术学院、湖南汽车工程职业学院、湘西民族职业技术学院、湖南科技职业学院、益阳职业技术学院、郴州职业技术学院、邵阳职业技术学院、衡阳技师学院、中南工业学校、长沙市望城区职业中等专业学校、湘阴县第一职业中等专业学校、宁乡职业中专学校、祁阳县职业中等专业学校、衡南县职业中等专业学校、祁东县职业中等专业学校、平江县职业技术学校等职业院校的专业教师联合编写，是湖南省职业院校教育教学改革研究项目"基于专业对口招生的中高职衔接人才培养模式改革与创新""基于产教深度融合模式下模具设计与制造专业教学模式改革的研究与实践"的研究成果，是湖南工业职业技术学院模具设计与制造专业省级特色专业建设项目的核心课程建设成果，是国家中等职业教育改革发展示范学校项目的建设成果，是湖南工业职业技术学院、湖南财经工业职业技术学院、长沙市望城区职业中等专业学校、中南工业学校、宁乡职业中专学校、湘阴县第一职业中等专业学校、祁阳县职业中等专业学校、祁东县职业中等专业学校、衡南县职业中等专业学校的湖南省职业教育"十二五"省级重点建设项目"模具设计与制造专业中高职衔接试点项目"的建设成果，是湖南工业职业技术学院、湖南铁道职业技术学院、湖南汽车工程职业学院、湖南财经工业职业技术学院的湖南省卓越高职院校建设项目的优质核心课程建设成果，是湖南省教育科学规划课题"现代学徒制:中高衔接行动策略研究"的研究成果。

　　本书以培养学生熟悉模具结构和测绘模具的基本技能为目标，按照基于工作过程导向的原则，在行业企业、同类院校进行调研的基础上，重构课程体系，拟定典型工作任务，重新制定课程标准，选择具有代表性的几个项目，按照由简到繁的顺序，让学生在复习模具结构、公差配合、材料及热处理等基础知识的同时，逐步熟悉相关国家标准。本书以真实模具为载体，采用通俗易懂的文字和丰富的图表，详细介绍常用模具的拆装和测绘。

　　本书以常用的冷冲模、注射模为载体，共设置模具认知、模具拆装、模具测绘3个项目，以冲模认知、冲模拆装、冲模测绘和塑料模认知、塑料模拆装、塑料模测绘等6个任务为主线，系统讲解典型冲模和塑料模的结构、工作原理、拆装和测绘方法，为初学者学好模具设计制造及机械维修等方面的专业知识以及提高模具设计、制造技能奠定良好基础。建议安排20～40 课时。

本书由陈黎明（湖南财经工业职业技术学院副教授）、简忠武（湖南工业职业技术学院高级技师、讲师、工程师）、卢尚文（湖南工业职业技术学院工程师）、邓远华（衡阳技师学院高级讲师）编著。参加编写的人员还有：胡智清、刘少华、陆元三、刘红燕、徐文庆、张红英、宫敏利、刘隆节（湖南财经工业职业技术学院），孙忠刚、彭欢（湖南工业职业技术学院），宋炎荣、龚煌辉（湖南铁道职业技术学院），蒋海波（湖南生物机电职业技术学院），宋新华（张家界航空工业职业技术学院），刘波（湖南国防工业职业技术学院），刘立微（湖南理工职业技术学院），吴光辉（娄底职业技术学院），贾越华（湘西民族职业技术学院），葛立（岳阳职业技术学院），刘友成（邵阳职业技术学院），唐波、谭补辉（益阳职业技术学院），徐绍贵（湖南省高尔夫旅游职业学院），王正青、赵建勇（潇湘职业学院），陆唐（湖南陶瓷技师学院），谢学民（娄底技师学院），胡少华（湖南兵器工业高级技工学校），李义云、盘臆明（湖南九嶷职业技术学院），陈艳辉、李凌华、周柏玉（郴州职业技术学院），陈昆明、戴石辉（长沙市望城区职业中等专业学校），张腾达（株洲职工大学、株洲工业学校），易悦诚、李立（长沙县职业中等专业学校），王健（衡南县职业中等专业学校），舒仲连（湖南省工业技师学院），杨志贤（湘阴县第一职业中等专业学校），赵卫东、卢碧波（宁乡职业中专学校），龚林荣（祁阳县职业中等专业学校），王端阳（祁东县职业中等专业学校），彭向阳、苏瞧忠、李清龙（平江县职业技术学校），盘九兵（永州新田职业中等专业学校），欧阳盼（湘北职业中等专业学校），陈志彪（衡阳市职业中等专业学校）。陈黎明负责全书的统稿和修改。尹韶辉（日本宇都宫大学博士、湖南大学教授、博士研究生导师、湖南大学国家高效磨削工程技术研究中心微纳制造研究所所长）、汪哲能（湖南财经工业职业技术学院教授）任主审。

在本书编写过程中，湖南省模具设计与制造学会理事长叶久新教授、湖南省模具设计与制造学会副理事长贾庆雷高级工程师、湖南维德科技发展有限公司陈国平总经理对本书提出了许多宝贵意见和建议，湖南财经工业职业技术学院、湖南工业职业技术学院、衡阳技师学院、衡南县职业中等专业学校等院校领导给予了大力支持，在此一并表示感谢。

为便于学生查阅有关资料、标准及拓展学习，本书特为相关内容设置了二维码链接。同时，作者在撰写过程中搜集了大量有利于教学的资料和素材，限于篇幅，未在书中全部呈现，感兴趣的读者可向作者索取，作者 E-mail：314107907@qq.com。

本书适合于机械制造工艺及自动化、机械设计与制造、汽车制造与装配、工业机器人、机电一体化技术、工程机械运用与维护、模具设计与制造等机械装备制造大类各专业的高职、中职、技校、技师学院、中高职衔接班及五年一贯制大专班学生使用，也适合于机械装备制造大类各专业的成人教育学员使用，还可供从事机械装备制造大类各专业技术工作的工程技术人员、高等职业技术学院和中等职业学校教师参考。

由于时间仓促和编者水平有限，书中错误和不当之处在所难免，恳请广大读者批评指正。

编　　者

2018 年 7 月

目录

项目一　模具认知

模具是用来制作具有特定形状与尺寸的制品、制件的工艺装备。模具的种类较多,主要有冲模、塑料模、压铸模、锻模、粉末冶金模、拉制模、挤压模、辊压模、玻璃模、橡胶模、陶瓷模、铸造模等。这里要讲的主要是对常见冲模和塑料模的认知。

【知识目标】

1. 掌握常见冲模和塑料模的结构。
2. 掌握常见冲模和塑料模组成零件的名称和作用。
3. 掌握常见冲模和塑料模的工作原理和特点。

【技能目标】

1. 能读懂常见模具图。
2. 能根据模具图分析模具的结构和工作原理。
3. 能熟知模具组成零件的名称和作用。
4. 能进行信息的收集和筛选,具备自主学习能力。

任务一　冲模认知

一、任务描述

图 1-1-1 所示为弧形垫片落料模,通过对本任务的学习,请回答下列问题。

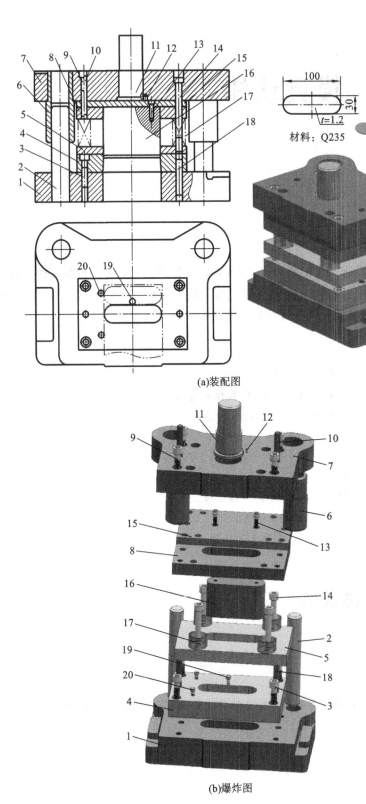

(a)装配图

材料：Q235

(b)爆炸图

图 1-1-1 弧形垫片落料模

（1）根据图中的零件编号填写表 1-1-1。

表 1-1-1 弧形垫片落料模中零件的名称、作用及材料

序　号	图中编号	名　称	作　用	材　料
1	1			
2	2			
3	3			
4	4			
5	5			
6	6			
7	7			
8	8			
9	9			
10	10			
11	11			
12	12			
13	13			
14	14			
15	15			
16	16			
17	17			
18	18			
19	19			
20	20			

（2）模具中的上模由＿＿＿＿＿＿＿＿零件组成,下模由＿＿＿＿＿＿＿＿零件组成(只填图中编号)。

（3）模具中的工作零件是＿＿＿＿＿＿＿(只填图中编号)。

（4）模具中的定位零件是＿＿＿＿＿＿＿(只填图中编号)。

（5）模具中的卸料零件是＿＿＿＿＿＿＿(只填图中编号)。

（6）模具中的导向零件是＿＿＿＿＿＿＿(只填图中编号)。

（7）模具模架由＿＿＿＿＿＿＿＿零件组成(只填图中编号)。

（8）模具中的紧固零件是＿＿＿＿＿＿＿(只填图中编号)。

（9）简述该模具的工作原理。

二、任务分析

冲模是使金属、非金属板料或型材在压力作用下分离、成型或结合为制品、制件的模具，包括冲裁模、拉深模、弯曲模等。图1-1-1所示的弧形垫片落料模是冲裁模中典型的单工序模，其结构具有代表性。通过对该模具的认知，可以让读者系统地掌握冲模的结构、工作原理及冲模中各个零件的名称和作用、冲模零件常用材料及要求，为日后的冲模设计打下良好的基础。

三、知识链接

（一）冲模基础知识

1.冲模分类

冲模的形式很多，因而其分类方法也有多种，一般可按其成型工艺和工序组合程度来分类。

1）按成型工艺分类

（1）冲裁模具：沿封闭或敞开的轮廓线使板料分离的冲模。如：落料模、冲孔模、切断模、剖切模、修边模、精冲模、整修模等。

（2）弯曲模具：使坯件或制件弯曲成一定角度和形状的冲模。如：V形弯曲模、U形弯曲模、Z形弯曲模、卷边模等。

（3）拉深模具：使坯料拉压成空心体制品、制件，或进一步改变空心体制件形状和尺寸的冲模。如：正拉深模、反拉深模、液压拉深模等。

（4）成型模具：使板料（坯件）产生塑性变形以成型制品、制件的冲模。

2）按工序组合程度分类

（1）单工序模：在压力机的一次行程中，只完成一道冲压工序的冲模。如：落料模、冲孔模、切断模、V形弯曲模、二次拉深模等。

（2）复合模：在压力机的一次行程中，同时完成两道或两道以上冲压工序的单工位冲模。如：落料冲孔复合模、落料拉深复合模、落料拉深冲孔复合模等。

（3）级进模（连续模）：在压力机的一次行程中，使条料连续定距送进，在送料方向排列的两个或两个以上工位同时完成多工序冲压的冲模。如：冲孔－落料级进（连续）模具、冲孔－弯曲－切断级进（连续）模等。

2.冲模零件分类

组成冲模的全部零件按其功能可分为两大类，即工艺零件和结构零件。

1）工艺零件

工艺零件直接参与完成冲压工艺过程并和坯料直接发生作用，包括工作零件（直接对毛坯进行加工的成型零件），定位零件（保证条料的正确送进及在模具中的正确位置），压料、卸料及出件零件。

2）结构零件

结构零件不直接参与完成冲压工艺过程,也不和坯料直接发生作用,只对模具完成冲压工艺过程起保证作用或对模具的功能起完善作用,包括导向零件(保证上、下模之间的相对正确位置)、支承零件(用以承装模具零件或将模具安装固定到压力机上)、紧固零件及其他零件。冲压模具常见零件的分类如图 1-1-2 所示。

需要说明的是,并不是所有冲模都必须具有图 1-1-2 所示的全部零件,至于具有图中的哪些零件,则要根据模具的具体结构确定。

图 1-1-2　冲模零件分类

3．冲模零件常用材料及硬度

1）冲模工作零件常用材料及硬度

冲模工作零件常用材料及硬度如表 1-1-2 所示。

表 1-1-2　冲模工作零件常用材料及硬度

模具类型	冲件与冲压工艺情况		材　料	硬　　度	
				凸　模	凹　模
冲裁模	Ⅰ	形状简单，精度低，材料厚度小于或等于 3 mm，中批量生产	T10A、9Mn2V、Cr12	56～60HRC	58～62HRC
	Ⅱ	材料厚度小于或等于 3 mm，中批量生产，形状复杂；材料厚度大于 3 mm	9CrS、CrWMn、Cr12、Cr12MoV（SKD11）、W6Mo5Cr4V2	58～62HRC	60～64HRC
	Ⅲ	大批量	Cr12MoV（SKD11）、Cr4W2MoV	58～62HRC	60～64HRC
			YG15、YG20	≥86HRA	≥84HRA
			超细硬质合金	—	—
弯曲模	Ⅰ	形状简单，中批量生产	T10A、Cr12	56～62HRC	
	Ⅱ	形状复杂	CrWMn、Cr12、Cr12MoV（SKD11）	60～64HRC	
	Ⅲ	大批量	YG15、YG20	≥86HRA	≥84HRA
	Ⅳ	加热弯曲	5CrNiMo、5CrNiTi、5CrMnMo	52～56HRC	
			4Cr5MoSiV1	40～45HRC，表面渗碳≥900HV	
拉深模	Ⅰ	一般拉深	T10A、Cr12	56～60HRC	58～62HRC
	Ⅱ	形状复杂	Cr12、Cr12MoV（SKD11）	58～62HRC	60～64HRC
	Ⅲ	大批量	Cr12MoV（SKD11）、Cr4W2MoV		
			YG10、YG15	≥86HRA	≥84HRA
			超细硬质合金	—	

续表

模具类型		冲件与冲压工艺情况	材 料	硬 度	
				凸 模	凹 模
拉深模	Ⅳ	变薄拉深	Cr12MoV(SKD11)	58～62HRC	—
			W18Cr4V、W6Mo5Cr4V2、Cr12MoV	—	60～64HRC
			YG10、YG15	≥86HRA	≥84HRA
	Ⅴ	加热拉深	5CrNiTi、5CrNiMo	52～56HRC	
			4Cr5MoSiV1	40～45HRC,表面渗碳≥900HV	
大型拉深模	Ⅰ	中小批量	HT250、HT300	170～260HB	
			QT600－20	197～269HB	
	Ⅱ	大批量	镍铬铸铁	火焰淬硬 40～45HRC	
			钼铬铸铁、钼钒铸铁	火焰淬硬 50～55HRC	

2）冲模其他零件常用材料及硬度

冲模其他零件常用材料及硬度如表1-1-3所示。

表 1-1-3 冲模其他零件常用材料及硬度

零件名称	材 料	硬 度
上、下模座	HT200	170～220HB(时效处理)
	45、Q235A	—
导柱	20、20Cr	60～64HRC(渗碳)
	GCr15	60～64HRC
导套	20、20Cr	58～62HRC(渗碳)
	GCr15	58～62HRC
凸模固定板、凹模固定板、凸凹模固定板	45、40Cr、Q235A	—
模柄、承料板	Q235A、45	—
卸料板、导料板	45、40Cr	28～32HRC
	Q235A	—
导正销	T10A、Cr12	50～54HRC
	9Mn2V	52～56HRC
垫板	45、40Cr	43～48HRC
	T10A、Cr12	50～54HRC
螺钉	45	35～40HRC
圆柱销	35	28～38HRC
	45	38～46HRC
定位销、挡料销	65Mn、T10A、GCr15	52～56HRC
	45	43～48HRC
抬料销	65Mn、GCr15、T10A	52～56HRC
打杆、推杆、顶杆、推板、顶件块、推件块	45、40Cr	43～48HRC

续表

零件名称	材料	硬度
压边圈	45	43～48HRC
	T10A、Cr12	50～54HR
定距侧刃、废料切刀	T10A	56～60HRC
	Cr12、Cr12MoV(SKD11)	58～62HRC
侧刃挡块	T10A、Cr12	56～60HRC
斜楔、滑块	T10A、Cr12	56～60HRC
弹簧	50CrVA、55CrSi、65Mn	44～48HR

(二)常用冲模认知

1. 冲裁模

图 1-1-3 所示为方形垫片落料冲孔复合冲裁模,该方形垫片可以由条料或带料通过该模具一次冲压完成。该模具结构和工作原理如下。

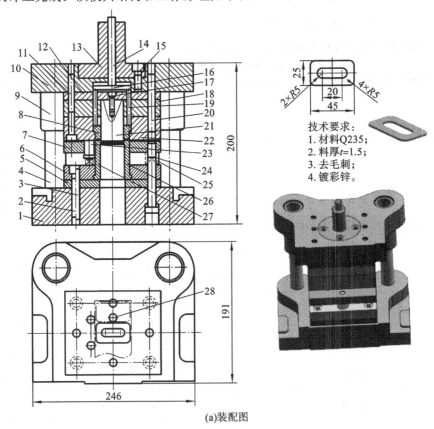

技术要求:
1. 材料 Q235;
2. 料厚 $t=1.5$;
3. 去毛刺;
4. 镀彩锌。

(a)装配图

图 1-1-3　方形垫片复合模

1—下模座;2,11,15,17—内六角螺钉;3,20—圆柱销;4—导柱;5—下垫板;6—凸凹模固定板;7—卸料板;8—推件块;9—导套;10—上模座;12—上垫板;13—模柄;14—打杆;16—推板;18—凸模固定板;19—连接推杆;21—凸模;22—凹模;23—定位销;24—卸料螺钉;25,27—弹簧;26—凸凹模;28—挡料销

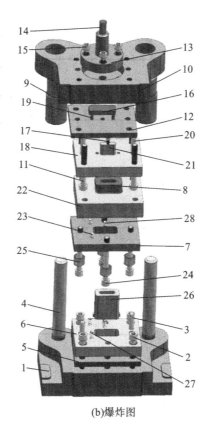

(b)爆炸图

续图 1-1-3

1）模具结构

模具结构如图 1-1-4 所示。

2）模具工作原理

该模具为一倒装复合模,上模部分由上模座 10、导套 9、凸模 21、凹模 22、推件块 8、凸模固定板 18、上垫板 12 等零件组成;下模部分由下模座 1、导柱 4、下垫板 5、凸凹模固定板 6、凸凹模 26、卸料板 7 等零件组成。冲裁时,条料沿活动定位销 23 送进,由挡料销 28 控制送料步距,然后由凹模 22 与卸料板 7 将条料压紧,再由凸凹模 26、凸模 21 和凹模 22 一起作用将材料分离。分离后的材料分为三部分,一是包紧在凸凹模上的条料,二是被凸凹模推入凹模内的工件,三是被凸模推入凸凹模孔中的废料。在上模回程时,包紧在凸凹模上的条料由卸料板 7 从凸凹模 26 上推出,工件则由推件块 8 从凹模 22 内推下,废料由凸模 21 将其从凸凹模 26 的漏料孔中推出,如此循环,完成零件冲裁。

3）模具特点

该复合模的优点是结构简单,可以直接利用压力机的打料装置进行推件,废料能从压力机工作台的漏料孔落下,卸料可靠,操作安全方便,生产效率高,并为机械化出件提供有利条件,故应用十分广泛。但由于冲裁过程中制件未被压紧且冲裁后由推件机构刚性推出,因而制件不平整,故不宜冲制孔边距离较小的和平直度要求较高的冲裁件。

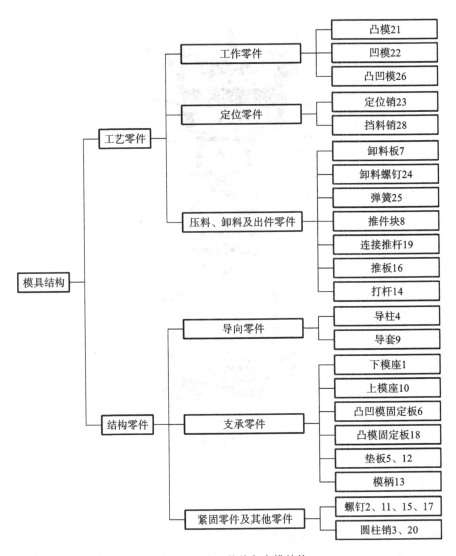

图 1-1-4　方形垫片复合模结构

2. 弯曲模

图 1-1-5 所示为某支架弯曲模,模具结构和工作原理如下。

1)模具结构

模具结构如图 1-1-6 所示。

2)工作原理

该模具为一典型的四角同时弯曲模具,上模部分由上模座 10、凸模 6、凸模固定板 7、垫板 9 和模柄 11 等零件组成,下模部分由下模座 1、凹模 3、定位板 5 和推件块 4 等零件组成。工作时,毛坯放置于凹模 3 上,由定位板 5 定位。凸模下行,首先与推件块 4 一起将毛坯压紧,防止毛坯在弯曲过程中滑移,随后对毛坯进行弯曲。弯曲结束后,凸模上行,推件块在下模座下面弹顶器的作用下,将弯曲件从凹模中顶出。

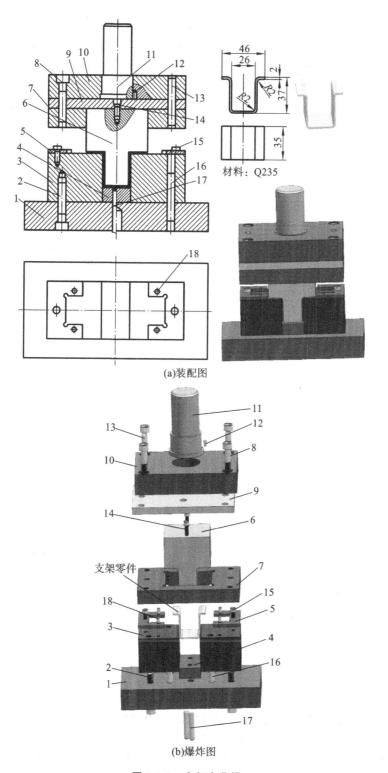

(a)装配图

材料：Q235

支架零件

(b)爆炸图

图 1-1-5　支架弯曲模

1—下模座；2,8,14,15—内六角螺钉；3—凹模；4—推件块；5—定位板；6—凸模；
7—凸模固定板；9—垫板；10—上模座；11—模柄；12,13,16,18—圆柱销；17—推杆

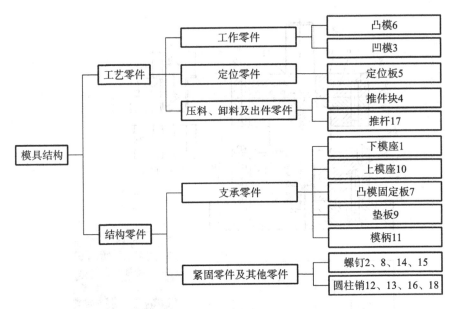

图 1-1-6　支架弯曲模结构

3）模具特点

该模具无导向装置，结构简单。模具安装时，采用垫片法调整模具间隙，工作时依靠压力机滑块在导滑槽中的导向来保证上、下模的位置。推件块在模具中有两个作用：一是用来顶出工件，二是可用来防止毛坯在弯曲过程中滑动，确保产品尺寸符合要求。

3. 拉深模

图 1-1-7 所示为一微型电机外壳二次拉深模，其结构和工作原理如下。

1）模具结构

模具结构如图 1-1-8 所示。

2）工作原理

该模具上模部分由凹模 5、上模座 7、模柄 8、推件块 12 等组成；下模部分由下模座 1、凸模 13、凸模固定板 2、压边圈 4 等组成。工作时，将首次拉深后的毛坯放置于压边圈上定位，凹模下行至与毛坯接触后，其端面与压边圈一起对毛坯进行压边，以防拉深过程中发生起皱现象。凹模继续下行，与凸模一起将制件拉深成型。此后，凹模上行，压边圈在弹顶器的作用下，将件制从凸模上顶出，如制件卡在凹模内，则由推件块将其从凹模中推出。

3）模具特点

该模具为典型的直壁圆筒形件二次拉深模，结构简单，无导向装置。模具在压力机上安装时，采用垫片法调整模具间隙，冲压时依靠压力机滑块自身的导向精度来保证上、下模的位置。该模具中的压边圈起到了三个作用，一是用来对毛坯进行定位，二是用来对制件进行卸料，三是在拉深过程中对毛坯进行压边，其压边力的大小可通过模具下的弹顶器进行调节。

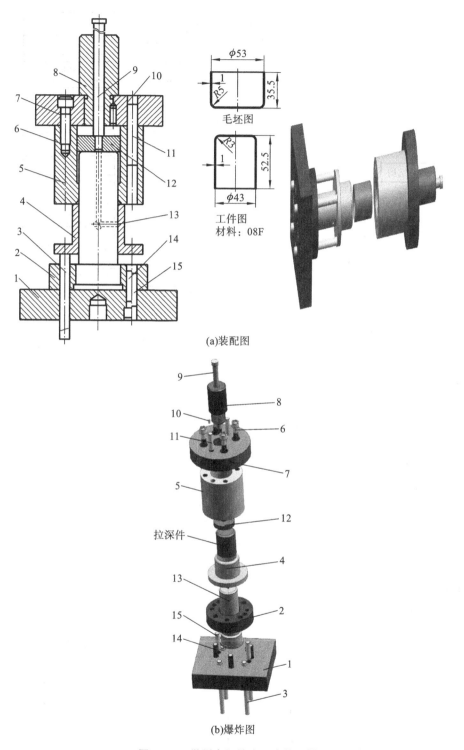

(a)装配图

毛坯图

工件图
材料：08F

(b)爆炸图

图 1-1-7　微型电机外壳二次拉深模

1—下模座；2—凸模固定板；3—推杆；4—压边圈；5—凹模；6，14—内六角螺钉；7—上模座；
8—模柄；9—打杆；10，11，15—圆柱销；12—推件块；13—凸模

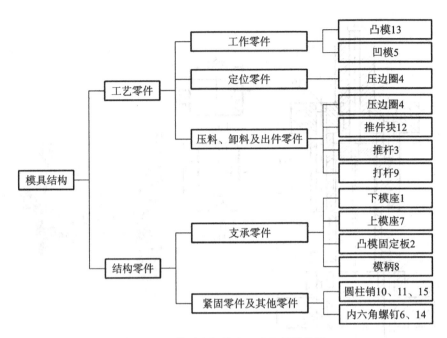

图 1-1-8　微型电机外壳二次拉深模结构

四、任务实施

为了完成图 1-1-1 所示弧形垫片落料模认知任务,建议如下:

(1) 将学生进行分组,每组人员为 4～6 人;

(2) 制定评分标准。

评分标准如表 1-1-4 所示。

表 1-1-4　评分标准

班　级		小 组 编 号		小　组　长	
小 组 成 员		成 员 分 工			
小 组 自 评		小 组 互 评		综 合 得 分	
序　号	内　　容	配　　分	小 组 互 评	小 组 自 评	综 合 得 分
1	表 1-1-1 填空	每空 0.5 分,共 30 分			
2	(2)～(8)题填空	每空 2 分,共 16 分			
3	(9)题	9 分			
4	小组成员分工合理性	5 分			

续表

序 号	内　　　容	配　　　分	小 组 互 评	小 组 自 评	综 合 得 分
5	小组成员的团队合作性	10 分			
6	小组成果汇报	15 分			
7	职业素养	15 分			

五、复习与思考

1. 填空题

（1）冲模是使金属、非金属板料或型材在压力作用下_____、_____或_____为制品、制件的模具。

（2）冲模按成型工艺可分为_____、_____、_____和_____四类。

（3）组成冲模的全部零件按其功能可分为两大类，即_____和_____。

（4）冲模的工艺零件大致包括_____、_____和_____。

（5）冲模工作零件有_____、_____和_____。其中，_____是复合模中特有的零件。

2. 选择题

（1）冲压常用的材料为（　　）。

A. 棒料　　　　　　　　B. 板料　　　　　　　　C. 铸件

（2）下列属于冲模工作零件的是（　　）。

A. 凸模　　　　　　　　B. 垫板　　　　　　　　C. 推件块

（3）在一次冲裁中，复合模能完成（　　）工序。

A. 一道　　　　　　　　B. 两道　　　　　　　　C. 两道或两道以上

（4）冲模中必须具有的零件是（　　）。

A. 凹模　　　　　　　　B. 垫板　　　　　　　　C. 固定板

（5）下列属于冲模中的定位零件的是（　　）。

A. 卸料板　　　　　　　B. 垫板　　　　　　　　C. 定位板

（6）冲模中保证上、下模之间的相对正确位置的零件是（　　）。

A. 导料板　　　　　　　B. 导柱、导套　　　　　C. 定位板

（7）用以承装模具零件或将模具安装固定到压力机上的冲模零件是（　　）。

A. 支承零件　　　　　　B. 定位零件　　　　　　C. 固定板

（8）在落料模中，用来限制条料送进方向的零件是（　　）。

A. 挡料销　　　　　　　B. 定位销　　　　　　　C. 定位板

（9）在落料模中，用来控制条料送料步距的零件是（　　）。

A. 挡料销　　　　　　　B. 定位销　　　　　　　C. 定位板

3. 判断题（对的在后面的括号内打√，错的打×）

（1）任何一副冲模都必须具有导向装置。　　　　　　　　　　　　　　　（　　）

（2）复合模中一般具有凸模、凹模和凸凹模三个工作零件。　　　　　　　（　　）

（3）卸料板除具有卸料作用外，有时还起压料和定位作用。　　　　　　　（　　）

（4）在拉深模中,压边圈除了起压边作用外,有时还有定位和卸料作用。　　（　　）

（5）所有冲模的导向零件都是导柱、导套。　　（　　）

4. 简答题

（1）什么叫工艺零件?

（2）什么叫弯曲模?

（3）什么叫拉深模?

任务二　塑料模认知

一、任务描述

图 1-2-1 所示为方形塑料盖注射模具,通过对本任务的学习,试回答下列问题。

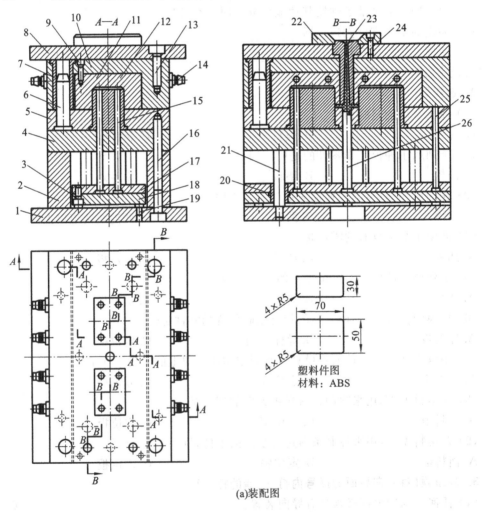

(a)装配图

图 1-2-1　方形塑料盖注射模具

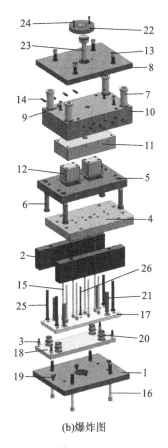

(b)爆炸图

续图 1-2-1

（1）根据图 1-2-1 所示方形塑料盖注射模具中的零件编号填写表 1-2-1。

表 1-2-1 方形塑料盖注射模具零件的名称、作用及材料

序　号	图中编号	名　称	作　用	材　料
1	1			
2	2			
3	4			
4	5			
5	6			
6	7			
7	8			
8	10			
9	11			
10	12			
11	14			
12	15			

续表

序　　号	图中编号	名　　称	作　　用	材　　料
13	16			
14	17			
15	18			
16	19			
17	20			
18	21			
19	22			
20	23			
21	25			
22	26			

（2）该模具的定模部分由＿＿＿＿＿＿＿＿＿＿＿＿＿＿＿＿＿＿零件组成，动模部分由＿＿＿＿＿＿＿＿＿＿＿＿＿＿＿＿＿＿＿＿零件组成（只填图中编号）。

（3）该模具的成型零件是＿＿＿＿＿＿＿＿＿＿＿＿＿＿＿（只填图中编号）。

（4）构成该模具浇注系统的零件有＿＿＿＿＿＿＿＿＿＿＿（只填图中编号）。

（5）该模具的导向零件是＿＿＿＿＿＿＿＿＿＿＿＿＿＿＿（只填图中编号）。

（6）该模具推出机构的零件有＿＿＿＿＿＿＿＿＿（只填图中编号）。

（7）构成模具支承和紧固的零件有＿＿＿＿＿＿＿＿＿（只填图中编号）。

（8）简述该模具的工作原理。

二、任务分析

塑料注射模是通过注塑机的螺杆或柱塞，使料筒内塑化熔融的塑料经注塑机喷嘴与模具浇注系统注入模具闭合型腔，并固化成型所用的模具。图 1-2-1 是塑料注射模中典型的单分型面注射模，其结构具有代表性。通过对该模具的认知，可以让读者系统地掌握注射模的结构、工作原理及注射模中各个零件的名称、作用、材料及要求，为日后从事塑料模设计打下良好的基础。

三、知识链接

（一）注射模基础知识

1. 塑料注射模分类

注射模的分类方法很多，按其成型塑料材料的性质可分为热塑性塑料注射模和热固性塑料注射模；按其使用注塑机的类型可分为卧式注射模、立式注射模和角式注射模；按其采用的流道形式可分为普通浇注系统注射模、无流道注射模、热流道注射模、绝热流道注射模、温流道注射模;按其结构形式可分为单分型面注射模、双分型面注射模、带侧向分型与抽芯机构的注射模和自动卸螺纹注射模等。

2. 塑料注射模的结构组成

注射模的结构形式很多,但每副模具都由动模和定模两大部分组成,动模安装在注塑机的移动模板上,在注射成型过程中可随注塑机上的合模系统运动;定模安装在注塑机的固定模板上,在注射成型过程中始终保持静止不动。根据模具中各零部件所起的作用,注射模一般可分为以下几个基本组成部分。

1)成型零件

这些零件决定塑件的几何形状和尺寸,通常由凸模或型芯(成型塑件的内形)、凹模或型腔(成型塑件的外形)以及螺纹型芯、螺纹型环、镶件等组成。

2)浇注系统

它是将熔融塑料由注塑机喷嘴引向型腔的通道。通常,浇注系统由主流道、分流道、浇口、冷料穴四个部分组成。

3)导向机构

它主要用于保证动模和定模或模具其他部件的准确对合,通常由导柱和导套(或导向孔)组成。此外,对多型腔或大、中型注射模,其推出机构也设有导向零件,以避免推板运动时发生偏移,造成推杆的弯曲、折断或顶坏塑件。

4)推出机构

它是在开模过程中将塑件及浇注系统凝料推出或拉出的装置,一般由推板、推杆、推杆固定板、拉料杆、复位杆、推件板、推板导柱、推板导套等组成。

5)侧向分型与抽芯机构

当塑件上有侧孔或侧凹时,开模推出塑件以前,必须先进行侧向分型,将侧型芯从塑件中抽出,这样才能顺利脱模,这个动作是由侧向分型与抽芯机构实现的。侧向分型与抽芯机构一般由斜导柱、侧型芯滑块等组成。

6)冷却和加热装置

为满足注射成型工艺对模具温度的要求,模具上需设有冷却和加热装置。冷却时,一般在模具型腔或型芯周围开设冷却水道;加热时,则在模具内部或周围安装加热元件。

7)排气系统

排气系统在注射过程中将型腔内的空气及注射成型过程中塑料本身挥发出来的气体排出模外,以免它们在塑料熔体充型过程中造成气孔或充填不满等缺陷。通常是在分型面处有目的地开设排气槽,当排气量不大时,也可利用分型面和活动零件的配合间隙排气。

8)支承与紧固零件

这些零件主要起装配、定位和连接的作用,包括动、定模座板,型芯固定板,垫块,支承板,定位圈,螺钉和销钉等。

根据注射模中各零部件与塑料的接触情况,注射模所有零件也可分为成型零部件和结构零部件两大类型。其中,成型零部件是指与塑料接触,并构成型腔的各种模具零件;结构零部件则是使模具具有支承、导向、排气、顶出制品、侧向抽芯、侧向分型、温度调节及引导塑料熔体向模腔流动等作用的各种模具零件。在结构零部件中,上述的合模导向机构与支承零部件合称为基本结构零部件,因此两者组装起来后构成模架,所有注射模都可以以模架为基础,再添加成型零部件和其他功能的结构组成。

需要说明的是,并不是所有注射模都必须具备上述 8 个部分,根据塑件的形状不同,模具结构组成各异。

3. 塑料模具零件常用材料及硬度

塑料模具零件常用材料及硬度如表 1-2-2 所示。

表 1-2-2 塑料模具零件常用材料及硬度

零件类别	零件名称	材　料	硬　度	说　明
成型零件	型腔(凹模)、型芯(凸模)、螺纹型芯、螺纹型环、成型镶件、成型推杆	45	216～260HB(调质)	用于形状简单、要求不高的型腔、型芯
			43～48HRC	
		T8A、T10A	54～58HRC	用于形状简单的小型芯或型腔
		CrWMn、9Mn2V、4Cr5MoSiV、40Cr	54～58HRC	用于形状复杂、要求热处理变形小的型腔、型芯或镶件
		20CrMnMo、20CrMnTi	54～58HRC(渗碳)	
		5CrMnMo、40CrMnMo	54～58HRC(渗碳)	用于高耐磨、高强度和高韧性的大型型芯、型腔
		3Cr2W8V、38CrMoAl	HV1000(调质、氮化)	用于形状复杂、要求耐腐蚀的高精度型腔、型芯
		3Cr2Mo(P20、718)	预硬状态 30～36HRC	用于不进行热处理的型芯、型腔
		15、20	54～58HRC(渗碳)	用于冷压加工的型腔
模板零件	动、定模板,动、定模座板	45	28～32HRC	
			230～270HB(调质)	
	支承板、推件板、推料板	T8A、T10A	54～58HRC	
		45	28～32HRC	
浇注系统零件	浇口套	45	38～45HRC (局部热处理)	
		T8A、T10A、Cr12	50～55HRC	
	拉料杆	T8A、T10A、Cr12	50～55HRC	
		4Cr5MoSiV1、3Cr2W8V	50～55HRC	

续表

零件类别	零件名称	材　料	硬　度	说　明
导向零件	带头导套、直导套、推板导套	T10A、GCr15	52～56HRC	
		20、20Cr	56～60HRC(渗碳)	
	带头导柱、带肩导柱、斜导柱、推板导柱、拉杆导柱	T10A、GCr15	56～60HRC	
		20、20Cr	56～60HRC(渗碳)	
抽芯机构零件	斜销、滑块、斜滑块	T8A、T10A	54～58HRC	
	楔紧块	T8A、T10A	54～58HRC	
		45	43～48HRC	
推出机构零件	推杆	T8A、T10A	54～58HRC	
		4Cr5MoSiV1、3Cr2W8V	50～55HRC	
	推管	T8A、T10A	54～58HRC	
		4Cr5MoSiV1、3Cr2W8V	45～50HRC	
	推块、复位杆	T10A、GCr15	56～60HRC	
		45	43～48HRC	
	推板	45	43～48HRC	
			28～32HRC	
	推杆固定板	45、Q235A	—	
定位零件	圆形定位件	T10A、GCr15	58～62HRC	
	定位圈	45	28～32HRC	
	定距螺钉、限位钉、限制块	45	40～45HRC	
支承零件	支承柱	45	43～48HRC	
	垫块	45、Q235A	—	
其他零件	加料圈压柱	T8A、T10A	50～55HRC	
	手柄、套筒	Q235A	—	
	喷嘴、水嘴	45、黄铜	—	
	吊钩	45	—	

（二）常用注射模认知

1. 单分型面注射模

单分型面注射模又称两板式注射模,是注射模中最简单、运用最广泛的一种模具。这种模具只在定模板与动模板(两板)之间具有一个分型面,分型时,以分型面为界将整个模具分为动模和定模两部分。一般情况下,型芯设在动模,凹模和主流道设在定模,分流道设在分模面上。该类模具可以为单型腔模,也可以为多型腔模。图 1-2-2 所示为单分型面注射模中的单型腔注射模具。

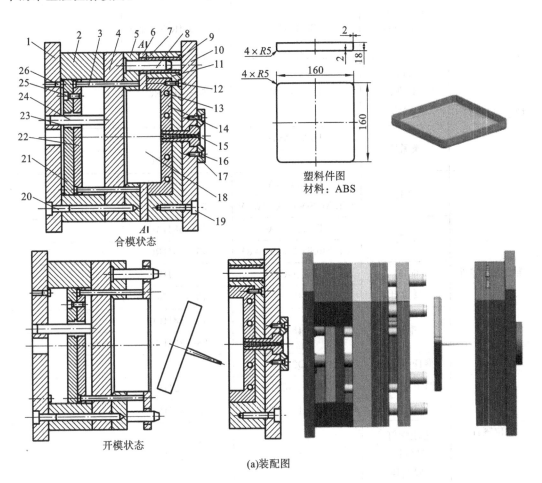

图 1-2-2　单分型面注射模

1—动模座板;2—垫块;3—连接推杆;4—支承板;5—型芯固定板;6—推件板;7—直导套;

8—带头导柱;9—带头导套;10—定模座板;11—凹模固定板;12,16,19,20,25—内六角螺钉;

13—水管接头;14—凹模;15—浇口套;17—定位圈;18—型芯;21—推板;22—推杆固定板;

23—推板导套;24—推板导柱;26—限位钉

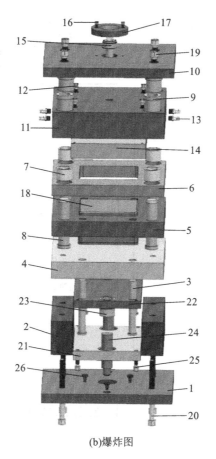

(b)爆炸图

续图 1-2-2

1）模具结构

模具结构如图 1-2-3 所示。

2）工作原理

该模具定模部分由定模座板 10、凹模固定板 11、凹模 14、带头导套 9、浇口套 15、定位圈 17 等组成，动模部分由动模座板 1、垫块 2、支承板 4、型芯固定板 5、型芯 18、推件板 6 及推板 21、推杆固定板 22 和连接推杆 3 等组成。合模时，注塑机开合模系统带动动模向定模方向移动，在分型面 A 处与定模合模，其合模精度由合模导向机构的带头导柱 8 和带头导套 9 保证。动、定模合模后，凹模固定板 11 上的凹模 14 与固定在型芯固定板 5 上的型芯 18 组合成与塑料件形状和尺寸一致的封闭型腔，在注射成型过程中，型腔被注塑机合模系统提供的锁模力锁紧，防止它在塑料熔体充填型腔时被产生的压力胀开。注塑机从喷嘴中注射出的塑料熔体经由浇口套 15 中开设的主流道进入型腔，在熔体充满型腔并经过保压、补缩和冷却定型之后开模。开模时，注塑机开合模系统带动动模后退，使动模和定模在分型面处分开，塑料件包在型芯 18 上随动模一起后退，此时浇口套中的主流道凝料也随塑料件一起被拔出。当动模退到一定位置时，安装在动模内的推出机构在注塑机顶出装置的作用下，使连接推杆 3 推动推件板 6 将塑料件和主流道凝料一起从型芯上推出，完成一次注射过程。

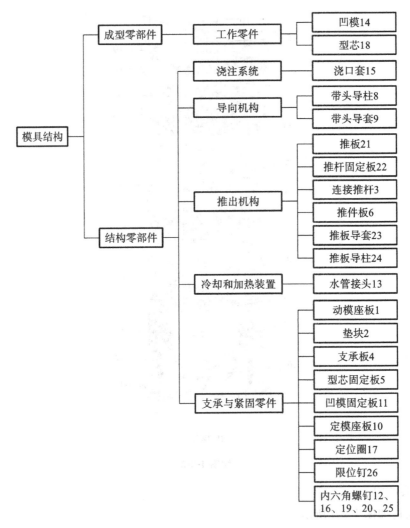

图 1-2-3　单分型面注射模结构

3）模具特点

该注射模只有一个型腔，一次成型一个塑料件，采用主流道浇口进料，模具结构简单。采用推件板卸料，卸料力比较均匀，卸料过程中不易发生变形，且在塑料件上不会留下顶出痕迹。但开模时，浇注系统凝料与塑料件连在一起被取出，在模外清除，浇注系统凝料除去比较麻烦，且去除后会在塑料件上留下较大的痕迹，影响塑料件外观。该类模具一般适合大、中型塑料件的生产。

2. 双分型面注射模

双分型面注射模是指具有两个分型面的注射模，模具开模后分成三部分。与单分型面模具相比，双分型面注射模在定模部分增加了一块可以局部移动的流道板（中间板），所以也叫三板式注射模。该类模具中浇注系统凝料与塑料件分别从不同的分型面中取出，它常用于点浇口进料的单型腔或多型腔注射模。图 1-2-4 所示为某四方盒成型用的双分型面注射模。

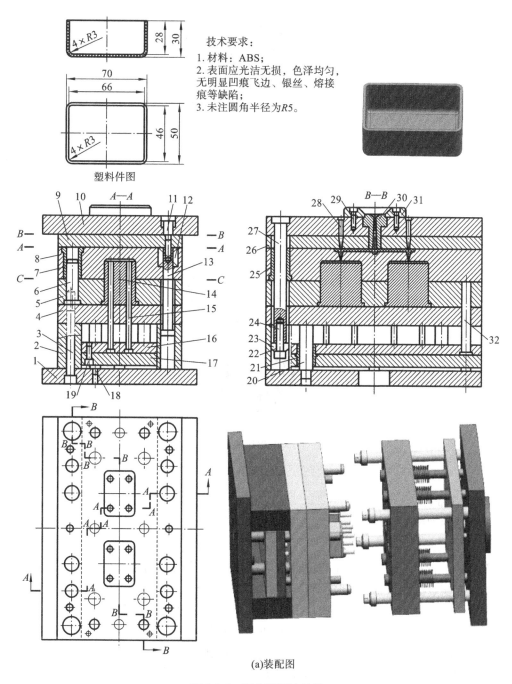

(a)装配图

图 1-2-4 双分型面注射模

1—动模座板;2—垫块;3,19,24,29—内六角螺钉;4—支承板;5—型芯固定板;6—带头导柱;7,25—带头导套;

8—凹模;9—推料板;10—定模座板;11—螺钉;12—弹簧;13—定距拉杆;14—型芯;15—推杆;

16—推杆固定板;17—推板;18—限位钉;20—推板导套;21—推板导套;22—弹簧垫圈;23—挡环;

26—直导套;27—拉杆导柱;28—分流道拉料杆;30—浇口套;31—定位圈;32—复位杆

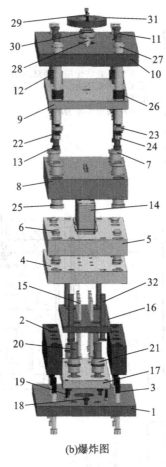

(b)爆炸图

续图 1-2-4

1）模具结构

模具结构如图 1-2-5 所示。

2）工作原理

图 1-2-4(a)所示装配图的工程图处于合模状态,三维效果图为模具处于开模状态。当模具经过合模、注射、保压、冷却定型后,模具的动模部分在注塑机开合模机构作用下与定模部分分开。开始时,由于弹簧 12 的作用,凹模 8 随动模部分一起运动,模具首先在 A—A 面分型,由于分流道拉料杆 28 的作用,凹模中的浇注系统凝料与塑料件断开并黏附在推料板 9 上。在动模和凹模继续运动的过程中,当凹模端面接触到定距拉杆 13 端面时,带动定距拉杆 13 一起运动。在定距拉杆 13 的作用下,推料板 9 与定模座板 10 分开,模具在 B—B 面分型,此时浇注系统凝料在推料板的作用下,与分流道拉料杆 28 强制脱开,并从 B—B 面掉落。随着开模过程的继续进行,当螺钉 11 端面与定模座板 10 孔的端面接触时,定距拉杆 13 和凹模 8 停止运动。随着动模部分继续移动,模具凹模 8 与型芯固定板 5 分开,模具在 C—C 面分型。此时塑料件随型芯 14 一起移动,直到动模移动到预定位置时,注塑机顶出装置推动模具的推板 17 带动推杆 15 将塑料件从模具型芯上推出,从而完成整个塑料件的注射成型和脱模过程。

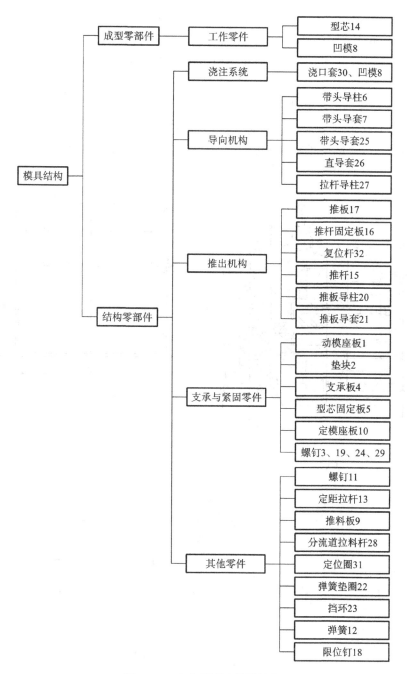

图 1-2-5 双分型面注射模结构

3）模具特点

与单分型面注射模相比,双分型面注射模具有以下特点。

（1）单分型面注射模只有一个分型面,塑料件和浇注系统凝料从一个分型面中取出;双分型面注射模通常有两个分型面,塑料件和浇注系统凝料从不同的分型面中取出。

（2）单分型面注射模通常采用侧浇口从型腔外侧面进料或采用主流道浇口从型腔中心进料;双分型面注射模通常采用点浇口,可以从型腔内任意一点进料,浇口位置设计比较灵活。

（3）双分型面注射模在生产过程中浇注系统凝料和塑料件会自动切断分离，便于实现自动化生产，而单分型面注射模浇注系统凝料通常在模外由人工切除。

（4）双分型面注射模比单分型面注射模结构复杂，制造成本高，制作周期长，且模具的故障率也较高。

3. 侧向分型与抽芯注射模

当塑料件上有侧凹（侧孔）、侧凸时，模具中成型侧凸、侧凹（侧孔）的零部件必须制成可以移动的，开模时，使这一部分零部件先行移开，这样塑料件脱模才能顺利进行。典型的侧向分型与抽芯注射模如图1-2-6所示。

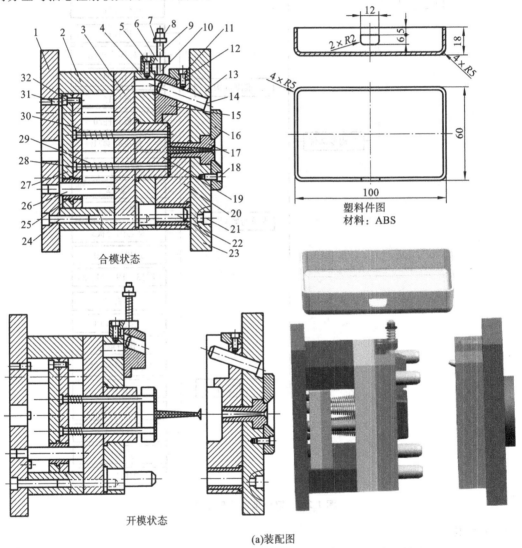

图 1-2-6 侧向分型与抽芯注射模

1—动模座板；2—垫块；3—支承板；4—型芯固定板；5,11,18,21,24,32—内六角螺钉；6—滑块限位块；7—垫片；8—螺母；9,29—弹簧；10—螺杆；12—楔紧块；13—定模座板；14—斜导柱；15—侧型芯滑块；16—定位圈；17—浇口套；19—型芯；20—凹模；22—带肩导柱；23—带头导套；25—推板导套；26—推板导柱；27—推板；28—推杆；30—推杆固定板；31—限位钉

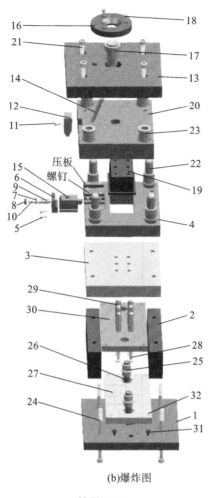

(b)爆炸图

续图 1-2-6

1）模具结构

模具结构如图 1-2-7 所示。

2）工作原理

合模时，注塑机开合模系统带动模具的动模部分向定模移动，斜导柱 14 带动侧型芯滑块 15 移动，最后由楔紧块 12 将其锁紧，使凹模 20、型芯 19、侧型芯滑块 15 形成成型产品所需的封闭型腔，然后完成注射成型过程。开模时，动模在注塑机的带动下后退，开模力通过斜导柱 14 作用于侧型芯滑块 15，侧型芯滑块 15 随着动模的后退在型芯固定板 4 的导滑槽内向外移动，直至与塑料件完全脱开，完成侧抽芯动作。此时包在型芯上的塑料件随动模继续后移到设定位置，然后由注塑机顶杆推动模具推板 27，带动推出机构，使推杆 28 将塑料件从型芯上推出。

3）模具特点

该模具属于侧型芯滑块在动模、斜导柱在定模的典型侧向分型与抽芯注射模，在模具开模过程中，先由侧向分型与抽芯机构完成侧型芯分模，然后完成塑料件的脱模。模具结构复杂，主要用来成型有侧凸、侧凹(侧孔)的塑料件。

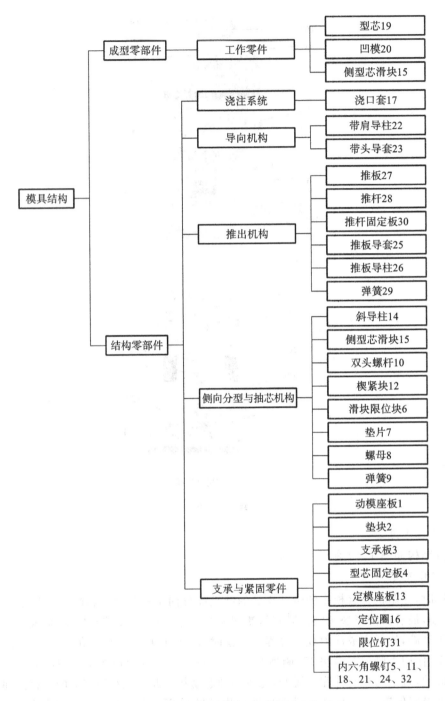

图 1-2-7　侧向分型与抽芯注射模结构

四、任务实施

为了完成图 1-2-1 所示方形塑料盖注射模具认知任务,建议如下:

（1）将学生进行分组，每组人员为 4～6 人；

（2）制定评分标准。

评分标准如表 1-2-3 所示。

表 1-2-3 评分标准

班 级		小 组 编 号		小 组 长	
小 组 成 员		成 员 分 工			
小 组 自 评		小 组 互 评		综 合 得 分	
序 号	内 容	配 分	小组互评	小组自评	综合得分
1	表 1-2-1 填空	每空 0.5 分，共 33 分			
2	（2）～（7）题填空	每空 2 分，共 14 分			
3	（9）题	10 分			
4	小组成员分工合理性	5 分			
5	小组成员的团队合作性	8 分			
6	小组成果汇报	15 分			
7	职业素养	15 分			

五、复习与思考

1. 填空题

（1）塑料注射模是通过注塑机的＿＿＿＿＿＿＿＿，使料筒内塑化熔融的塑料经注塑机喷嘴与模具＿＿＿＿＿注入＿＿＿＿＿＿，并固化成型所用的模具。

（2）注射模按其成型塑料材料的性质可分为＿＿＿＿＿注射模和＿＿＿＿＿注射模。

（3）注射模浇注系统由＿＿＿＿＿、＿＿＿＿＿、＿＿＿＿＿、＿＿＿＿＿四个部分组成。

（4）注射模的全部零件按其作用可分为＿＿＿＿＿、＿＿＿＿＿、侧向分型与抽芯机构、＿＿＿＿＿和＿＿＿＿＿、冷却和加热装置、排气系统、支承与紧固零件 8 大部分。

（5）单分型面注射模又称＿＿＿＿＿式注射模，这种模具只在定模板与动模板（两板）之间具有一个分型面。

（6）与单分型面注射模相比，双分型面注射模在定模部分增加了一块型腔中间板，也可称之为＿＿＿＿＿。

（7）双分型面注射模一个分型面取出塑料件，另一个分型面取出＿＿＿＿＿。

（8）双分型面注射模的两个分型面应_____打开。

（9）侧向分型与抽芯注射模主要用来成型有_____或_____的塑料件。

2. 选择题

（1）单分型面注射模具有（　　）个分型面。

A. 1　　　　　　　　　　B. 2　　　　　　　　　　C. 3

（2）下列属于推出机构零件的是（　　）。

A. 凹模　　　　　　　　　B. 推杆固定板　　　　　　C. 限位钉

（3）下列属于注射模成型零件的有（　　）。

A. 型芯　　　　　　　　　B. 浇口套　　　　　　　　C. 拉料杆

（4）注射模中必须具有的机构是（　　）。

A. 侧向分型与抽芯机构　　B. 加热和冷却系统　　　　C. 成型零件

（5）双分型面注射模采用的浇口形式为（　　）。

A. 侧浇口　　　　　　　　B. 点浇口　　　　　　　　C. 主流道浇口

（6）下列属于注射模推出机构复位的零件是（　　）。

A. 复位杆　　　　　　　　B. 推杆　　　　　　　　　C. 拉料杆

（7）下列属于侧向分型与抽芯机构零件的是（　　）。

A. 拉杆导柱　　　　　　　B. 复位杆　　　　　　　　C. 斜导柱

3. 判断题（对的在后面的括号内打√，错的打×）

（1）注射模成型后的塑料件与浇注系统凝料都必须在模外由人工分离。　　　　（　　）

（2）所有注射模都必须开设专门的排气系统，否则会影响注射成型和产品质量。

（　　）

（3）注射模的推出机构在合模注射前必须复位，否则会影响产品质量。　　（　　）

（4）塑料注射模推出机构只能采用复位杆或弹簧复位。　　　　　　　　　（　　）

（5）三板模只有两个分型面。　　　　　　　　　　　　　　　　　　　（　　）

（6）侧向分型与抽芯注射模只有在侧型芯完成分型抽芯后，才能进行制件的推出。

（　　）

（7）双分型面注射模在开模时，两个分型面必须按顺序打开。　　　　　（　　）

4. 简答题

（1）与单分型面注射模相比，双分型面注射模有哪些特点？

（2）塑料注射模一般包括哪些基本组成部分？

项目二 模具拆装

模具在装配后的调试过程中往往会出现这样或那样的问题,或在使用过程中出现磨损或损坏情况,都要对其进行零部件的修复或更换才能正常使用。模具拆装主要是对装配好的模具进行拆卸和复原装配,便于对其进行维修、改造和研究,达到正常使用的目的。

【知识目标】

1. 掌握模具的结构和组成。
2. 掌握模具零件间常用的配合关系。
3. 掌握模具拆装工具的使用。
4. 掌握模具拆装方法和步骤。

【技能目标】

1. 能根据模具图制定模具拆装方案。
2. 能正确选用模具拆装工具对模具进行拆装。
3. 具有发现、分析和解决现场问题的能力。
4. 具有收集和筛选信息的能力。
5. 具有良好的职业素养和团队协作精神。

任务一 冲模拆装

一、任务描述

图 2-1-1 为图 1-1-1 所示弧形垫片落料模三维效果图,通过之前对该模具结构的认识,试制定该模具的拆装方案,并选用合适的拆装工具对其进行拆装,在此基础上,请回答下列问题。

(1)该模具拆装时要用到哪些拆装工具?

(2)简述模具的拆装顺序。

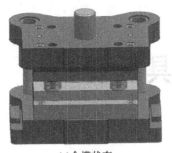

(a)合模状态

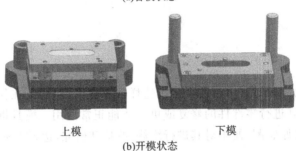

上模　　　　　　　　　　　　下模

(b)开模状态

图 2-1-1　弧形垫片落料模三维效果图

（3）在拆装过程中，你遇到了什么问题？是如何解决的？

二、任务分析

在对图 1-1-1 所示弧形垫片落料模结构、工作原理认知的基础上，通过对该模具的拆装，可以进一步加深对冲模结构、组成零部件的作用、工作原理的认识，熟悉模具拆装工具的选用，掌握冲模拆装的方法和步骤，为日后从事冲模设计、制造和维修打下良好的基础。

三、知识链接

（一）模具常用拆装工具

模具种类繁多，结构多样，其拆装时所需使用的工具也多种多样，但具体要使用什么样的工具，则需根据模具的具体结构而定，一般来说，模具拆装常用的工具有以下几种。

1. 紧固工具

1）扳手

（1）内六角扳手。

内六角扳手如图 2-1-2 所示，是模具拆装中使用最多的一种扳手。其规格以内六角螺栓头部的六角对边距离来表示，是专门用来紧固或拆卸内六角螺栓的工具，分公制和英制两种。公制规格有 1.5（螺栓 M2）、2（螺栓 M2.5）、2.5（螺栓 M3）、3（螺栓 M4）、4（螺栓 M5）、5（螺栓 M6）、6（螺栓 M8）、8（螺栓 M10）、10（螺栓 M12）、12（螺栓 M14）、14（螺栓 M16）、17（螺栓 M20）、19（螺栓 M24）、22（螺栓 M30）、27（螺栓 M36）等。

（2）活扳手。

活扳手如图 2-1-3 所示,有 A、B 两种型号,开口宽度可以调节,通常 A 型开口与杆柄成 15°角,B 型开口与杆柄成 22.5°角,规格一般以杆柄长度确定,常见规格有 100 mm、150 mm、200 mm、250 mm、300 mm、375 mm、450 mm、600 mm 等。

图 2-1-2　内六角扳手

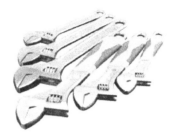

图 2-1-3　活扳手

（3）呆扳手。

呆扳手又称开口扳手(或称死扳手),主要分为图 2-1-4(a)所示的双头呆扳手和图 2-1-4(b)所示的单头呆扳手。规格以头部开口宽度来表示,如 8(单头)、6×7(双头)等。有单件使用,也有成套配置,用于拧紧或松开具有一种或两种规格尺寸的六角头或方头螺栓、螺钉或螺母。

(a)双头呆扳手　　　　　　　　　(b)单头呆扳手

图 2-1-4　呆扳手

（4）梅花扳手。

梅花扳手也分为图 2-1-5(a)所示的双头梅花扳手和为图 2-1-5(b)所示的单头梅花扳手。规格以螺母六角头头部对边距离来表示,用于拧紧或松开六角头或方头螺栓、螺钉或螺母,特别适用于工作空间狭窄、不能使用呆扳手的工作场合。

(a)双头梅花扳手　　　　　　　　(b)单头梅花扳手

图 2-1-5　梅花扳手

扳手使用注意事项:

（1）在采用扳手拧紧螺栓或螺母时,应选用合适的扳手,拧紧小螺栓或小螺母时,切勿用大扳手,以免滑牙而损坏螺纹。此外,应优先选用呆扳手或梅花扳手,由于这类扳手的长度是根据其对应的螺纹所需的拧紧力矩而设计的,长度比较合适。

（2）操作时,一般不许用管子加长扳手来拧紧螺栓,但 5 号以上的内六角扳手允许使用长度合适的管子来接长扳手。拧紧时应注意防止扳手脱落,以防手或头等身体部位碰到设备或模具而造成人身伤害。

2）螺钉旋具（螺丝刀）

（1）一字形螺钉旋具。

一字形螺钉旋具如图 2-1-6 所示，又称一字螺丝刀、螺丝批、螺丝起子、改锥等。一字螺丝刀按旋杆与旋柄的装配方式，分为普通式（用 P 表示）和穿心式（用 C 表示）两种，旋柄材料常用木头或塑料。其规格用"旋杆长度（不包括柄部长度）×口宽×口厚"表示，市场上习惯用"旋杆长度"表示，用于拧紧或松开头部带有一字形沟槽的螺钉。其中，穿心式能承受较大的扭矩，并可在尾部用手锤敲击。

（2）十字形螺钉旋具。

十字形螺钉旋具如图 2-1-7 所示，又称十字螺丝刀，用于拧紧或松开头部带有十字形沟槽的螺钉。其形式、规格和使用方法与一字形螺钉旋具相似。

图 2-1-6　一字形螺钉旋具　　　　　图 2-1-7　十字形螺钉旋具

螺钉旋具使用注意事项：

使用旋具要适当，对十字槽螺钉尽量不用一字形旋具，否则拧不紧甚至会损坏螺钉槽。一字形槽的螺钉要用刀口宽度略小于槽长的一字形旋具，若刀口宽度太小，不仅拧不紧螺钉，而且易损坏螺钉槽。受力较大或螺钉生锈难以拆卸时，可选用方形旋杆螺钉旋具，以便能用扳手夹住旋杆扳动，增大力矩。

3）钳类工具

根据用途，钳类工具有多种，现将在模具拆装上用得较多的几种介绍如下。

（1）钢丝钳。

钢丝钳如图 2-1-8 所示，用于夹持、折弯薄片形、圆柱形金属零件及绑、扎、剪断钢丝，形式有图 2-1-8（a）所示的带塑料套和图 2-1-8（b）所示的不带塑料套两种，是钳工必备工具，规格以长度表示，常用的有 160 mm、180 mm、500 mm 等。

　　(a)带塑料套钢丝钳　　　　　　　(b)不带塑料套钢丝钳

图 2-1-8　钢丝钳

（2）尖嘴钳。

尖嘴钳如图 2-1-9 所示，用于在较窄小的空间夹持及绑、扎细钢丝。带刃尖嘴钳还可以用来剪断细金属丝，是机械、仪表、电信器材等装配及修理工作常用的工具。规格以长度表示，常用的有 160 mm、180 mm、500 mm 等。

（3）挡圈钳（卡簧钳）。

图 2-1-9　尖嘴钳

挡圈钳如图 2-1-10 所示，专门用于拆装弹性挡圈，根据拆装部位不同，可分别选用直嘴式或弯嘴式、孔用挡圈钳或轴用挡圈钳，规格以长度表示，常用的有 125 mm、175 mm、225 mm 等。

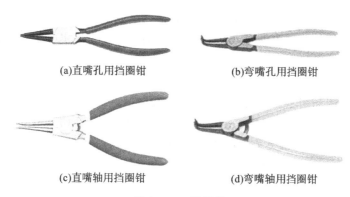

(a)直嘴孔用挡圈钳　　　　　　　(b)弯嘴孔用挡圈钳

(c)直嘴轴用挡圈钳　　　　　　　(d)弯嘴轴用挡圈钳

图 2-1-10　挡圈钳

钳类工具使用注意事项：

钳类工具在使用时,应根据工作情况选择合适的类型和规格,夹持工件时用力应适当,防止将工件夹持变形或将工件表面夹毛;用挡圈钳拆装挡圈时要防止挡圈弹出伤人。

2. 夹紧工具

1) 台虎钳

台虎钳如图 2-1-11 所示,又称老虎钳,是钳工必备的用来夹持各种工件的通用工具,有图 2-1-11(a)所示的固定式和图 2-1-11(b)所示的回转式两种。其规格以虎口的宽度表示,有 75 mm、90 mm、100 mm、115 mm、125 mm、150 mm、200 mm 等。

台虎钳使用注意事项：

在台虎钳中装夹工件时,应使工件尽量夹在钳口中间,以便受力均匀。为保护钳口和工件,夹持时可在钳口垫上铜片或其他软金属垫。严禁用锤敲打手柄或用加力杆夹紧工件,以免损坏虎钳螺杆或钳身。

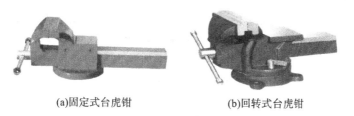

(a)固定式台虎钳　　　　　　　(b)回转式台虎钳

图 2-1-11　台虎钳

2) 机用平口钳

机用平口钳如图 2-1-12 所示,其规格以钳口宽度表示。通常安装在铣床、刨床、磨床、钻床等机械加工设备的工作台上,适合装夹规则形状的小型工件。使用时先把平口钳固定在机床工作台上,将钳口用百分表找正,然后装夹工件。

机用平口钳使用注意事项：

(1) 工件的被加工面必须高出钳口,否则就要用平行垫铁垫高工件。

(2) 为了能使工件装夹牢固,防止刨削时工件松动,必须把比较干净的平面贴紧在垫铁和钳口上。为使工件贴紧在垫铁上,应该一边夹紧,一边用手锤轻击工件的侧面,光洁的平面要用铜棒进行敲击,以防止敲伤光洁表面。

(3) 为了不使钳口损坏和保持已加工表面,夹紧工件时应在钳口处垫上铜片。用手挪动垫铁以检查夹紧程度,如有松动,说明工件与垫铁之间贴合不好,应该松开平口钳重新夹紧。

(4)当安装刚性较差的工件时,应将工件的薄弱部分预先垫实或做支撑,避免工件夹紧后变形。

3)钳用精密平口钳

钳用精密平口钳如图 2-1-13 所示,其特点是各对面的平行度和各邻面的垂直度都有较高的要求。钳用精密平口钳是模具钳工、工具钳工及精密平面磨削加工常用的夹紧工具,适用于较小零件的配钻,以及保证钻交叉孔的垂直度;精磨平面时保证面与面的平行度、垂直度要求。

图 2-1-12 机用平口钳

图 2-1-13 钳用精密平口钳

其使用方法为:把工件放入钳口内,调整好高度位置,旋转手柄夹紧工件,按图示位置钻孔或在平面磨床上平磨上平面,然后将平口钳翻转 90°,在预定位置上钻孔或平磨翻转后的平面。这样在一次装夹中就能完成两个面的钻孔和平磨,确保了孔与孔、面与面的位置精度。

图 2-1-14 手虎钳

4)手虎钳

手虎钳如图 2-1-14 所示,是钳工夹持轻巧工件以便进行加工的一种手持工具。钳口宽度有 25 mm、40 mm、50 mm。装夹工件前首先旋动蝶形螺母,调整钳口到合适宽度,放入工件并旋紧蝶形螺母,确保夹紧后即可进行钻孔等操作。

3. 钳工手锤

钳工常用手锤有斩口锤、圆头锤、什锦锤等,如图 2-1-15 所示。锤的大小用锤头质量表示,常用的圆头锤约 0.5 kg。斩口锤用于金属薄板的敲平、翻边等;圆头锤用于较重的打击;什锦锤用于锤击、起钉等检修工作。握锤子主要靠拇指和食指,其余各指仅在锤击时才握紧,柄尾只能伸出 15~30 mm,如图 2-1-16 所示。

图 2-1-15 钳工手锤

锤下落时握紧

15~30

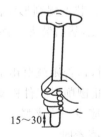

主要靠食指和拇指握着

图 2-1-16 手锤握法

（二）冲模拆卸

1. 拆卸前准备

1）拆卸前的技术准备

模具拆卸前，应对所拆模具进行仔细的观察、分析，了解模具的用途、结构特点、工作原理及各零件之间的位置、配合关系和紧固方法，制定模具拆卸方案。此外，为提高装配效率和便于后续的测绘，在拆卸前，应对模具外形做好标记，并对外形尺寸进行测量和记录。

2）拆卸场地准备

模具拆卸场地应宽敞、整洁、干净、明亮，在模具零件摆放的地面或桌面上应用干净的橡胶垫、纸板或布垫好；清洗用的油液应干净，并且先用容器装好，要严防周围火种的产生。

3）拆卸工具准备

根据先前对模具结构分析的结果，选用合适的拆卸工具，并准备手套、碎布、等高垫铁、铜棒、木块、钢丝绳和其他吊具等，以备后续拆装时使用。准备好的工具及辅助材料应摆放整齐，方便拿放。

2. 制定模具拆卸方案

所谓模具拆卸方案，就是根据模具的具体结构合理安排模具拆卸顺序。现以图 1-1-3 所示方形垫片落料冲孔复合模为例来说明冲模的拆卸方案的制定方法。

在制定拆卸方案前，应充分了解模具结构及各零件间的位置和相互配合关系，由于冲模的种类较多，结构多样，因而应根据具体情况制定出该模具合理的拆卸方案。

图 1-1-3 所示方形垫片落料冲孔复合模为一典型的弹性卸料倒装复合模，整套模具分为上模和下模两部分。模具主要由工作零件、定位零件、弹性卸料机构、刚性推出机构、模架等组成。其工作零件中的凸模和凸凹模均用固定板固定，为避免卸料力将凸模和凸凹模拔出，凸模采用直通式结构，用螺钉与垫板连接，凸凹模则采用凸台式结构。凹模则直接由螺钉和销钉与凸模固定板和上模座连接固定。条料送进时的导向和步距由定位销和挡料销控制。根据上述模具结构的分析，制定图 2-1-17 所示的模具拆卸方案。

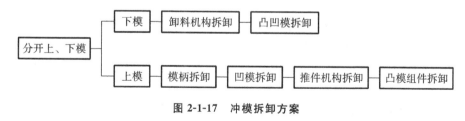

图 2-1-17　冲模拆卸方案

3. 模具拆卸

现以图 1-1-3 所示方形垫片落料冲孔复合模为例来说明冲模拆卸的步骤和方法。该模具三维效果图如图 2-1-18 所示。

1）分开上、下模

拆卸时，先仔细对模具进行检查，用碎布将模具外形擦拭干净，并在模具外形上做好标记。对于小型模具，按图 2-1-18(a)所示将模具翻转 90°，使基准面朝下放置于平台上。此时

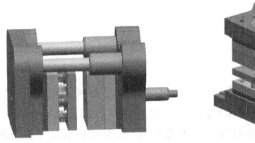

(a)翻转90°放置   (b)正常放置

图 2-1-18　方形垫片复合模三维效果图

用铜棒朝模具分离方向打击导柱、导套附近的模座。打击时,要注意观察,使上、下模平行分开,严禁在模具歪斜的情况下猛力敲打,以免损伤导柱、导套或模具上的其他零件。

　　大型模具在拆卸时,按图 2-1-18(b)所示正常放置,将木块或平行垫铁垫在模具下面,用起吊设备将模具吊起,然后用铜棒敲打导柱、导套附近的下模座,保证上、下模平行分开,避免斜拉损坏导柱、导套或其他模具零件。注意,模具起吊时,下模座下平面离木块或平行垫铁的距离不宜太大,保证模具分开后,下模能轻轻地掉落到垫块上面,避免模具砸坏。

　　上、下模分开后的效果如图 2-1-19 所示。

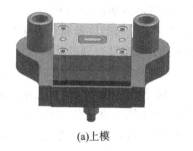

(a)上模   (b)下模

图 2-1-19　上、下模分开后的效果

　　2) 下模拆卸

　　(1) 卸料机构拆卸(零件编号参照图 1-1-3)。

　　将下模侧翻,用内六角扳手从下模座 1 底面拧出卸料螺钉 24,然后将卸料板 7,弹簧 25、27 和定位销 23、挡料销 28 从下模中移出,如图 2-1-20 所示。拆卸时要防止卸料螺钉松开后,因弹簧力过大而将卸料板弹出模外,产生安全事故。

　　(2) 凸凹模拆卸(零件编号参照图 1-1-3)。

　　卸料机构拆卸完后,便可拆卸凸凹模 26 了。用内六角扳手拧出凸凹模固定板 6 上的四个内六角螺钉 2,取出圆柱销 3,然后将凸凹模组件和下垫板 5 一起从下模中移出,如图 2-1-21(a)所示。再将由凸凹模 26 和凸凹模固定板 6 组成的凸凹模组件放置在模外的台虎钳或等高铁上,用铜棒轻击凸凹模,使之与固定板分开,如图 2-1-21(b)所示。如果凸凹模与固定板采用较大过盈量配合,从固定板中取出凸凹模所需的力较大,此时为避免将凸凹模刃口砸伤,可先用木或钢垫板垫在凸凹模刃口面上,然后用铜棒敲打或在压力设备上将两者分开。

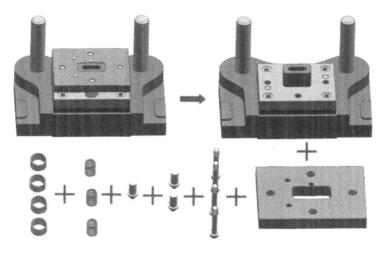

图 2-1-20　卸料机构拆卸

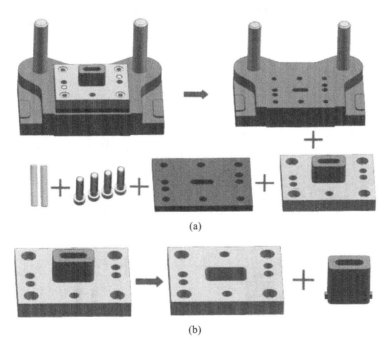

(a)

(b)

图 2-1-21　凸凹模拆卸

3）上模拆卸

（1）模柄拆卸（零件编号参照图 1-1-3）。

先将打杆 14 从模柄 13 中抽出，如图 2-1-22(a)所示，然后用内六角扳手将紧固模柄的内六角螺钉 15 拧出，再将模柄 13 从上模座 10 中移开，如图 2-1-22(b)所示。

（2）凹模拆卸（零件编号参照图 1-1-3）。

在模柄拆卸后，将上模翻转，用内六角扳手拧取凹模 22 上的内六角螺钉 11，并取出圆柱销 20，将凹模 22 从上模中取出，如图 2-1-23 所示。

（3）推件机构拆卸（零件编号参照图 1-1-3）。

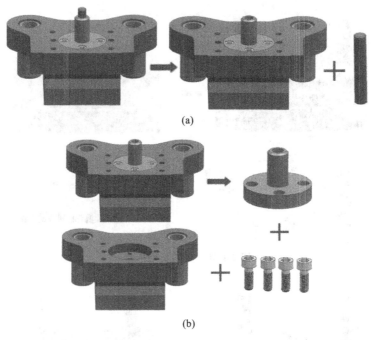

(a)

(b)

图 2-1-22　模柄拆卸

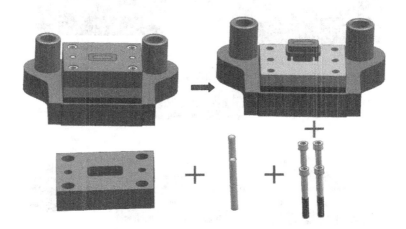

图 2-1-23　凹模拆卸

凹模移开后,将推件块 8、连接推杆 19 从上模中取出,如图 2-1-24(a)所示,然后从上模座 10 上移开凸模组件,取出推板 16,如图 2-1-24(b)所示。

(4) 凸模组件拆卸(零件编号参照图 1-1-3)。

凸模组件从上模座 10 上移开后,用内六角扳手将上垫板 12 上的内六角螺钉 17 拧出,如图 2-1-25(a)所示。将凸模 21 与凸模固定板 18 从垫板上拿开,然后用铜棒敲击凸模,使其与凸模固定板分开,如图 2-1-25(b)所示。至此完成上模拆卸。

4) 零件摆放

上、下模拆卸完成后,应将整套模具零件整齐稳当地摆放在合适的位置,防止零件掉落、倾倒或丢失。方形垫片复合模拆卸后的零件摆放如图 2-1-26 所示。

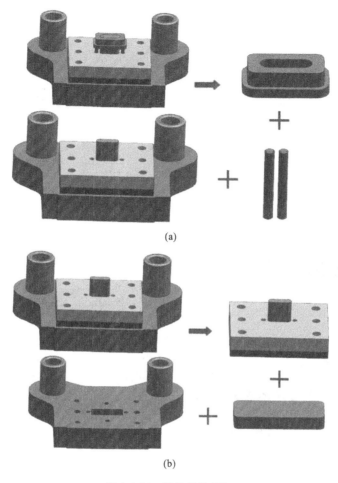

(a)

(b)

图 2-1-24　推件机构拆卸

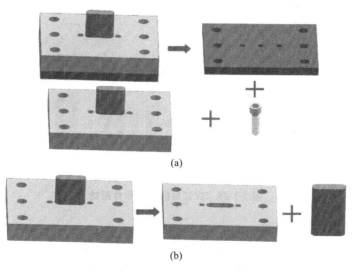

(a)

(b)

图 2-1-25　凸模组件拆卸

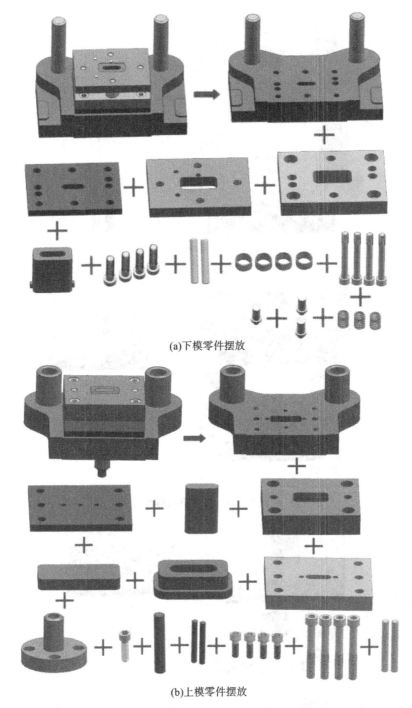

(a)下模零件摆放

(b)上模零件摆放

图 2-1-26 拆卸后的模具零件摆放

4. 冲模拆卸时的注意事项

（1）模具拆卸过程中，对不能拆卸的部位不能强拆，如上述模具中的导柱、导套，因为这些零件拆卸后再进行复原装配时，其装配要求较高，以免装配时达不到装配要求而影响模具的使用。

（2）严禁用手锤直接敲打模具零件。在拆卸一些过盈量大的配合件时,因拆卸所需的敲击力较大,拆卸前应在被敲击部位垫上合适的垫块,再用钳工手锤敲击垫块,以免模具零件变形或损坏。

（3）拆卸后的零件应放置稳当,以免滑落或倾倒砸人而产生安全事故,尤其对于大型冲模更应如此。

（4）各类对称模具及安装时容易混淆方向的零件,在拆卸时应做好标记,以免安装时搞错方向,降低装配效率。

（5）拆卸下来的螺钉、圆柱销、定位销、挡料销等小零件需要用盒子装起来,或分类摆放整齐,防止丢失,便于后续装配时的清点和拿放。

（三）冲模装配

这里说的冲模装配与冲模制造时的装配是两个不同的概念。冲模制造时的装配是比较复杂的,在装配过程中许多零件需要装配成组件或部件后再配合加工才能达到设计和使用要求。而拆卸后的装配是一种复原装配,冲模零件都已按图样要求全部加工好,在装配过程中不需要对零件再进行加工,只是对损坏的零件进行修复或更换,装配时对人员的技术要求不高,其装配一般是按照拆卸的逆向顺序进行的。

1. 装配前准备

（1）装配前应按装配图上的明细表对整套模具零件进行核对,确保模具零件的数量、规格和质量符合图纸要求。如有零件丢失或损坏,应及时补充、更换或修复。

（2）对拆卸后的全部模具零件要进行清洗、擦拭,确保零件装配时干净、清洁。

（3）所有清洗后的模具零件应按顺序摆放整齐,方便装配时拿取。

（4）根据模具结构制定合适的模具装配方案。

2. 制定模具装配方案

模具装配方案与模具拆卸方案的制定相同,在制定前应充分了解模具结构及各个零件间的位置和配合关系,所有固定零件的连接固定应牢固可靠。对于模具中的活动零件,如模具中的卸料机构、推件机构等,应确保其运动灵活。每套模具的装配方案要根据其具体结构和装配要求制定。图 1-1-3 所示方形垫片落料冲孔复合模的装配方案如图 2-1-27 所示。

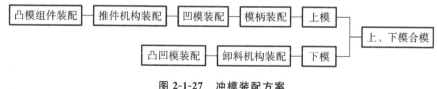

图 2-1-27　冲模装配方案

3. 冲模装配

现以图 1-1-3 所示方形垫片落料冲孔复合模为例来说明冲模的装配步骤和方法。

1）上模装配

（1）凸模组件装配（零件编号参照图 1-1-3）。

①凸模与固定板装配。

装配前,先检查凸模 21 与凸模固定板 18 的方向（对容易混淆方向的零件装配时更应如此),然后用铜棒将凸模敲入固定板对应孔中,保证凸模底面与固定板底面平齐,如图 2-1-28 所示。注意在开始装配前,应用锉刀或手动打磨机将固定板安装孔的凸模入口端倒角,然后将凸模与固定板安装孔对准,用手扶住凸模后,再用铜棒轻击凸模端面,使凸模从固定板入口端缓慢进入,以免固定板安装孔的入口端遭到损坏,而造成装配后凸模与固定板端面不垂直的情况发生。

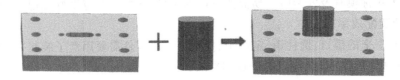

图 2-1-28　凸模与固定板装配

②凸模与垫板装配。

检查好上垫板 12 与凸模固定板 18 之间的对应方向,按做好标识的方向将垫板覆盖在凸模固定板上,使两者外形对齐,然后用内六角扳手将螺钉 17 从垫板上的沉头孔中拧入凸模,使其紧固连接。如图 2-1-29 所示。

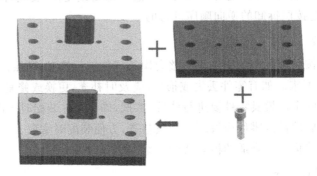

图 2-1-29　凸模与垫板装配

(2) 推件机构装配(零件编号参照图 1-1-3)。

按图 2-1-30(a)所示将推板 16 放入上模座 10 上的推板安装孔中,然后将凸模组件按拆卸时做好标识的方向置于上模座 10 上,使凸模固定板 18 上的各孔与上模座上各孔基本对齐,如图 2-1-30(b)所示。接着按图 2-1-30(c)所示将连接推杆 19 放入凸模固定板 18 的安装孔中,最后再将推件块 8 按图 2-1-30(d)所示套入凸模,至此完成推件机构装配。

(3) 凹模装配(零件编号参照图 1-1-3)。

当推件机构装配完成后,将凹模 22 按原来标记的方向置于凸模固定板 18 上,使凹模与固定板外形对齐,如图 2-1-31(a)所示。然后按图 2-1-31(b)所示用铜棒将圆柱销 20 敲入凹模和固定板的销钉安装孔中,固定好凹模、凸模固定板和上模座的位置。最后用内六角扳手将内六角螺钉 11 旋入凹模,将凹模与凸模固定板、垫板、上模座连接紧固,如图 2-1-31(c)所示。

(4) 模柄装配(零件编号参照图 1-1-3)。

凹模装配后,将上模翻转,把模柄 13 装入上模座 10 的模柄安装孔中,调整好模柄位置,使模柄上的螺钉过孔大致与上模座螺钉孔对齐,用内六角扳手将内六角螺钉 15 旋入,使模

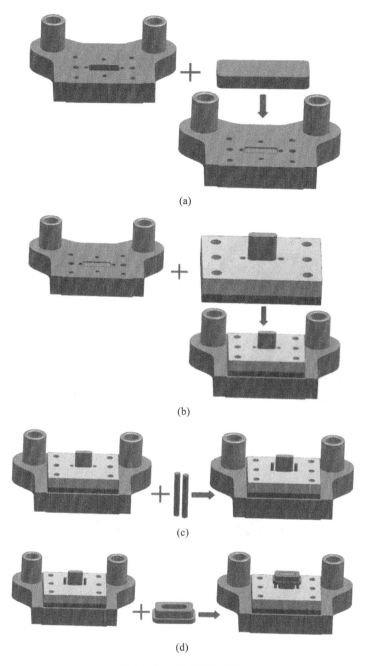

图 2-1-30 推件机构装配

柄与上模座连接紧固,如图 2-1-32(a)所示。最后按图 2-1-32(b)所示将打杆放入模柄孔中,完成上模装配。

2) 下模装配

(1) 凸凹模装配(零件编号参照图 1-1-3)。

①凸凹模组件装配。

凸凹模组件装配就是将凸凹模 26 与凸凹模固定板 6 进行装配。为避免冲裁时卸料力

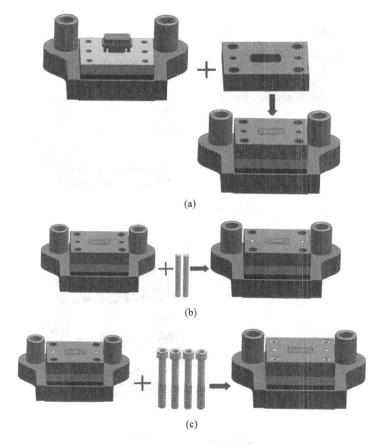

(a)

(b)

(c)

图 2-1-31　凹模装配

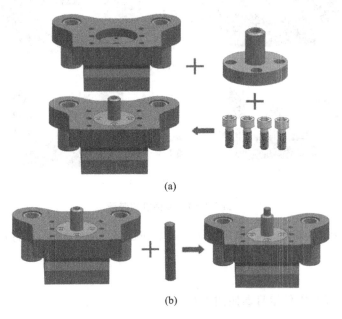

(a)

(b)

图 2-1-32　模柄装配

把凸凹模从固定板中拔出,该模具中凸凹模 26 与凸凹模固定板 6 采用了挂台式连接,两者之间的配合部分采用 H7/m6 的过渡配合。装配时,根据拆卸时做好的标识,先用锉刀或打磨机将固定板中凸凹模安装孔的入口端倒角,避免凸凹模装入时损伤固定板上的凸凹模安装孔,造成装配后凸凹模与固定板不垂直。然后用铜棒将凸凹模敲入固定板中,保证凸凹模与固定板底面平齐,如图 2-1-33 所示。

图 2-1-33 凸凹模组件装配

②凸凹模装配(零件编号参照图 1-1-3)。

凸凹模装配就是将凸凹模组件、垫板 5 和下模座 1 用内六角螺钉 2 和圆柱销 3 定位并连接固定。装配时,先将垫板和凸凹模组件按拆卸时做好的标识置于下模座 1 上,使下垫板 5 与固定板 6 的外形对齐,并使两者的螺纹过孔和销钉孔与下模座螺、销钉孔大致对齐,如图 2-1-34(a)所示。然后用铜棒将圆柱销 3 压入固定板和下模座对应的销钉孔中,固定好固定板、垫板和下模座的相对位置,然后用内六角扳手将四个内六角螺钉 2 通过固定板 6 的螺钉过孔拧入下模座 1 的螺纹孔中,使固定板、垫板和下模座连接固定,如图 2-1-34(b)所示。

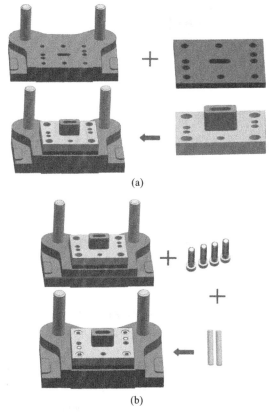

(a)

(b)

图 2-1-34 凸凹模装配

（2）卸料机构装配（零件编号参照图 1-1-3）。

凸凹模装配后，将弹簧 25、27 及定位销 23、挡料销 28 置于固定板 6 的对应位置，如图 2-1-35（a）所示。然后将卸料板 7 按拆卸前标识的位置套在凸凹模 26 上，适当调整弹簧和定位销、挡料销的位置，并使卸料弹簧中间孔的位置与固定板卸料螺钉过孔位置对齐，

并使定位销、挡料销穿过卸料板上对应的过孔，然后用手虎钳将下模座 1 和卸料板 7 夹住后，将下模翻转，旋入卸料螺钉 24，完成卸料机构装配，如图 2-1-35（b）所示。在卸料螺钉装配时，应用游标卡尺检查卸料板与固定板之间各个方向的距离，通过调整卸料螺钉的旋入深度，保证卸料板与固定板平面平行。

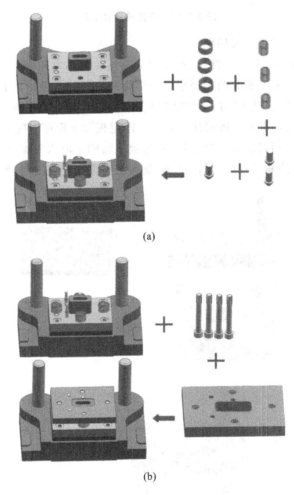

(a)

(b)

图 2-1-35　卸料板装配

3）上、下模合模

上、下模分别装配完成后，便可将上、下模合模了。合模前应在导柱、导套上涂上一些润滑油，以减少合模时导柱、导套的摩擦力，增加导柱、导套运动灵活性。为保证合模时上、下模运动平稳和防止合模到位后产生冲击，应在上、下模座间垫上等高铁或方木块。合模时，上、下模应处于工作状态，即上模在上，下模在下，用铜棒轻轻敲击上模座上平面导套位置附

近处,使上、下模平行合拢,如图 2-1-36 所示。严禁在上、下模歪斜状态下强行合模,以免造成导柱、导套或其他模具零件划伤、损坏。

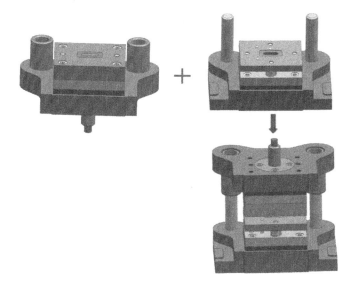

图 2-1-36　上、下模合模

4. 冲模装配时的注意事项

(1)在装配前对照装配图的明细表对所有零件进行检查,查看整套模具零件是否齐全,零件质量是否合格,否则需补齐、更换或修复。

(2)在凸模、凸凹模组件装配时,要严防伤及固定板的入口处,否则无法保证两者的垂直度要求。

(3)所有紧固螺钉应拧紧,防止松脱,以免产生安全事故。

(4)螺钉紧固时,应先使各螺钉适当受力,然后采用螺钉对角相互拧紧的方法,逐步拧紧。切不可单个螺钉拧紧后再拧另一个螺钉,这样不但会导致后面的螺钉拧入困难或根本无法拧入,还会导致模板受力不均,产生倾斜现象。

(5)模具的推件机构、卸料机构和顶件机构应灵活,严禁出现发卡现象。

(6)推件块和卸料板装配好后应分别露出凹模、凸凹模端面 0.3～0.5 mm 左右,卸料板端面与模座端面应平行。

(7)模具装配完成后,应检查装配场地是否有零件漏装情况,如有漏装零件则需将模具拆卸后再装上。

四、任务实施

为了完成图 2-1-1 所示垫片落料模拆装任务,建议如下:

(1)将学生进行分组,每组人员为 4～6 人;

(2)制定评分标准。

评分标准见表 2-1-1。

表 2-1-1　评分标准

班　级		小组编号		小组长	
小组成员		成员分工			
小组自评		小组互评		综合得分	
序　号	内　容	配　分	小组互评	小组自评	综合得分
1	第1题	5分			
2	第2题	15分			
3	第3题	10分			
4	拆装过程规范性	40分			
5	小组成员分工合理性	5分			
6	小组成员的团队合作性	5分			
7	小组成果汇报	10分			
8	职业素养	10分			

五、复习与思考

1. 填空题

（1）模具拆装主要是对装配好的模具进行_____和_____，便于对其进行维修、改造和研究，达到正常使用的目的。

（2）内六角扳手的规格是以内六角螺栓头部的六角对边_____来表示，是专门用来紧固或拆卸_____螺栓的工具，分_____和英制两种。

（3）适用于工作空间狭窄、不能使用呆扳手工作场合的扳手是_____。

（4）活扳手的规格一般以_____来表示。

（5）钢丝钳、尖嘴钳、挡圈钳的规格都是以_____来表示。

（6）台虎钳有_____和_____两种，其规格以虎口的_____表示。

（7）钳工手锤的大小常用锤头_____表示。

（8）模具拆卸过程中，严禁用_____直接敲打模具，以免模具零件变形或损坏。

（9）在凸模、凸凹模组件装配时，要严防伤及固定板的_____，否则无法保证两者的垂直度要求。

（10）模具装配时，应保证模具的_____、_____和顶件机构应灵活，防止出现发卡现象。

2. 选择题

（1）模具拆装时用到最多的扳手是（　　）。

A. 内六角扳手　　　　　　　B. 活扳手　　　　　　　　C. 梅花扳手

（2）规格为8的公制内六角扳手适合螺栓的规格为（　　）。

A. M8　　　　　　　　　　B. M10　　　　　　　　　　C. M12

（3）操作扳手时，一般不许用管子加长来拧紧螺栓，但（　　）以上的内六角扳手允许使用长度合适的管子来接长扳手。

　　A. 4 号　　　　　　　　　B. 5 号　　　　　　　　　　C. 6 号

（4）可用于保证钻交叉孔的垂直度和精磨平面时保证面与面的平行度、垂直度要求的夹紧工具是（　　）。

　　A. 机用平口钳　　　　　　B. 钳用精密平口钳　　　　C. 手虎钳

（5）模具装配时，应保证卸料板端面（　　）凸模（凸凹模）工作端面。

　　A. 高出　　　　　　　　　B. 低于　　　　　　　　　　C. 齐平

3. 判断题（对的在后面的括号内打√，错的打×）

（1）一字螺丝刀的规格是用包括柄部的旋杆长度×口宽×口厚来表示的。　（　　）

（2）一字形槽螺钉要选用刀口宽度略大于槽长的一字形旋具来拧紧或松开。　（　　）

（3）用台虎钳装夹工件时，可在钳口垫上铜片或其他软金属垫以保护钳口和工件不被损坏。　（　　）

（4）在台虎钳上严禁用锤敲打手柄或用加力杆夹紧工件，以免损坏虎钳螺杆或钳身。　（　　）

（5）在使用机用平口钳时，应先把平口钳固定在机床工作台上，将钳口用百分表找正，然后再装夹工件。　（　　）

（6）模具拆卸前，应在模具外形上做好标识，避免模具装配时弄错方向。　（　　）

（7）所有模具零件都必须拆卸。　（　　）

（8）在装配前对照装配图的明细表对所有零件进行检查，整套模具零件是否齐全，零件质量是否合格，否则需补齐、更换或修复。　（　　）

（9）模具装配前，应对模具全部零件进行清洗、擦拭，确保零件装配时干净清洁。　（　　）

（10）在卸料板装配时，应根据检测结果来调整卸料螺钉的旋入深度，以保证卸料板与模座平面平行。　（　　）

4. 简答题

（1）用机用平口钳装夹工件时应注意哪些事项？

（2）模具拆卸前，应做哪些准备工作？

（3）模具装配时的注意事项有哪些？

任务二　塑料模拆装

一、任务描述

图 2-2-1 为图 1-2-1 所示方形塑料盖注射模具三维效果图，通过之前对该模具结构的认识和了解，试制定该模具的拆装方案，并选用合适的工具对其进行拆装，在此基础上请回答下列问题。

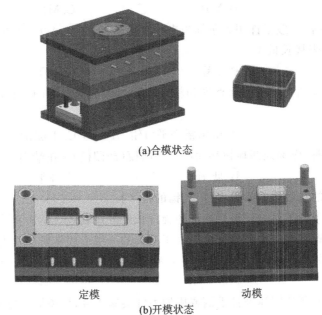
(a)合模状态

定模   动模

(b)开模状态

图 2-2-1　方形塑料盖注射模具三维效果图

（1）该模具拆装时需要用到哪些拆装工具？

（2）简述模具的拆装顺序。

（3）在拆装过程中你遇到了什么问题？是如何解决的？

二、任务分析

在对图 1-2-1 所示方形塑料盖注射模结构、工作原理认知的基础上，通过对该模具的拆装，可以进一步加深对塑料注射模结构、组成零部件的作用、工作原理的认识，掌握塑料注射模拆装的方法和步骤，为日后从事塑料模设计、制造和维修打下良好的基础。

三、知识链接

（一）注射模拆卸

1. 拆卸前准备

注射模拆卸前的准备同冲模拆卸前准备一样，包括拆卸前的技术准备、拆卸场地准备和拆卸工具准备，这里不再敷叙。

2. 制定模具拆卸方案

同冲模一样，在制定塑料模具拆卸方案时，也需要在充分了解模具结构的基础上根据模具的具体情况来制定，这里以图 1-2-4 所示双分型面注射模为例来说明注射模的拆卸方案的制定方法。

该模具由定模和动模两大部分组成，定模部分的凹模做成了可作定距移动的中间板（流道板),为便于浇注系统凝料能从定模中顺利脱落,在凹模和定模座板之间增加了一块推料板。因而在开模时,该模具其实存在三个分型面,如图 2-2-3(b)所示。其中一个分型面是在动、定模之间,该分型面主要是用来取出塑料件;另一个分型面是在凹模与推料板之间,主要用来取出浇注系统凝料;第三个分型面是在推料板与定模座板之间,它的主要作用是将浇注系统凝料从分流道拉料杆上强制推出,确保浇注系统凝料从模具上顺利脱落。构成定模部分的模板是通过拉杆导柱来支承和导向的,它们之间可做相对运动,其运动距离由定距拉杆控制。动模部分主要由型芯和固定型芯的固定板、支承板及推件机构等组成,它们与动模座板和垫块通过螺钉紧固连接。动、定模的相对位置则由导柱、导套来保证。因此,根据上述模具结构及工作原理分析,可制定如图 2-2-2 所示的拆卸方案。

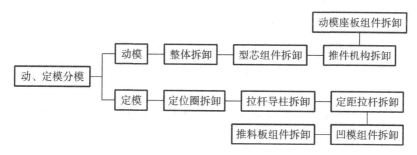

图 2-2-2　注射模拆卸方案

3. 模具拆卸

现以图 1-2-4 所示双分型面注射模为例来说明注射模的拆卸步骤和方法。该模具三维效果图如图 2-2-3 所示。

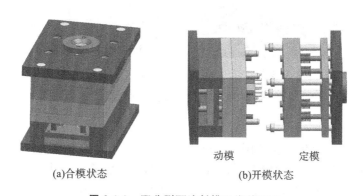

(a)合模状态　　　　　　　　(b)开模状态

图 2-2-3　双分型面注射模三维效果图

1) 动、定模分模(零件编号参照图 1-2-4)

拆卸时,先对模具进行仔细检查,用碎布将模具外表擦拭干净,并在模具外形上做好标记,如果模具较小,且带有冷却系统或外表面装有定距拉板的,应先拆下水管接头(水嘴)或定距拉板,再将模具翻转 90°,如图 2-2-4(a)所示。然后用铜棒朝模具分离方向打击导柱、导套附近的动、定模座板。打击时,要注意使动、定模平稳分开,严禁在模具歪斜情况下猛力敲打,以免使导柱、导套或模具中的其他零件划伤或损坏。

大、中型塑料模具在拆卸时,要竖直放置,如图 2-2-4(b)所示。先用起吊工具将模具吊放在木块或平行垫铁上;对于模具外表有定距拉板、水嘴等零部件,则应先将这些零部件拆

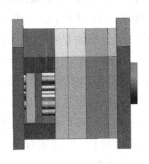

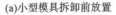

(a)小型模具拆卸前放置　　　　　　　(b)大、中型模具拆卸前放置

图 2-2-4　模具拆卸前放置

卸,再用起吊设备将模具适当吊起。起吊时注意不要吊得太高。然后沿着分模方向用铜棒打击导套附近的动模座板,使其逐步分离。在敲击分离过程中,当模具动模座板降落到木块或平行垫铁上时,得把模具适当往上再吊高一点,再用铜棒打击,如此往复,直到动、定模完全分离,然后将分离后的定模吊到合适位置轻轻放下。在动、定模整个分离过程中,沿动模座板上的敲击力要均匀,保证动、定模平行分开,切不可在某一点上猛力敲打,以免损坏导柱、导套或其他模具零件。

图 1-2-4 所示的双分型面注射模动、定模分开后的效果如图 2-2-5 所示。

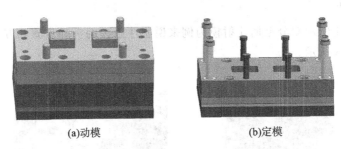

(a)动模　　　　　　　　　　　　(b)定模

图 2-2-5　动、定模分开后的效果

2)动模拆卸

(1)整体拆卸(零件编号参照图 1-2-4)。

在动模整体拆卸前,应先仔细分析动模部分的结构。该模具的动模部分由动模座板 1、垫块 2、支承板 4、型芯固定板 5、型芯 14、带头导柱 6 及推件机构组成,其中型芯固定板和型芯、带头导柱组合成型芯组件。动模座板、垫块、支承板、型芯固定板由四个内六角螺钉 3 紧固。拆卸时,将动模部分侧翻,用内六角扳手从动模座板底面将固定垫块、支承板、型芯固定板的紧固螺钉 3 拧出,然后将型芯组件、支承板、垫块、推件机构分别从动模座板上移开,如图 2-2-6 所示。

(2)型芯组件拆卸(零件编号参照图 1-2-4)。

型芯组件拆卸后的效果如图 2-2-7 所示。将型芯组件按图示方向水平置于等高铁或台虎钳上,用铜棒敲打型芯 14,使其与型芯固定板 5 分开,如图 2-2-7(a)所示。注意在型芯快要掉落时,如果型芯较小,应用手或木盒接住,如果型芯较大,则需在型芯掉落的地方垫上木

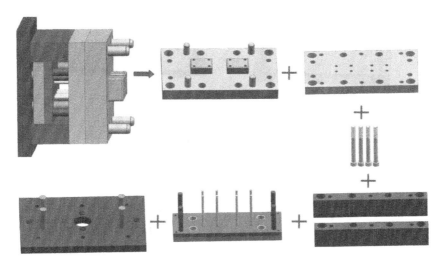

图 2-2-6 动模整体拆卸

块或橡胶垫,让型芯掉落在木块或橡胶垫上,避免型芯砸坏。然后适当移动型芯固定板位置,用铜棒将型芯固定板上的四个带头导柱 6 卸下,如图 2-2-7(b)所示。

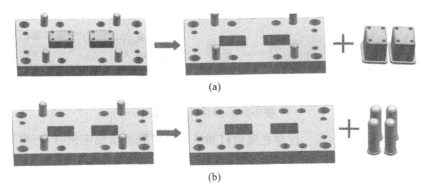

(a)

(b)

图 2-2-7 型芯组件拆卸

（3）推件机构拆卸（零件编号参照图 1-2-4）。

该模具的推件机构包括推板 17、推杆固定板 16 及推杆 15、复位杆 32、推板导柱 20 和推板导套 21 等。推板与推杆固定板用内六角螺钉 19 连接。拆卸时,用内六角扳手拧出用于连接推杆固定板 16 和推板 17 的内六角螺钉 19,将推板与推杆固定板分开,如图 2-2-8(a)所示。然后取下推杆固定板上的推杆 15 和复位杆 32,并将推杆和复位杆摆放整齐,如图 2-2-8(b)所示。再将推杆固定板 16 置于等高铁或台虎钳上,卸下推板导套 21。在导套拆卸时,应选用略小于导套外径的铜棒或圆钢垫在导套中的导柱出口端,然后用铜棒敲打垫在导套上面的铜棒或圆钢,使导套与推杆固定板分开,注意在导套快要掉落时,用手或木盒接住,避免导套掉落地面而砸坏。如图 2-2-8(c)所示。

（4）动模座板组件拆卸（零件编号参照图 1-2-4）。

将动模座板翻转 180°平放于等高铁或台虎钳上,用合适的圆钢垫在限位钉 18 的安装孔中,然后用铜棒敲打圆钢,将限位钉从动模座板 1 中卸下;用同样方法将推板导柱 20 从动模

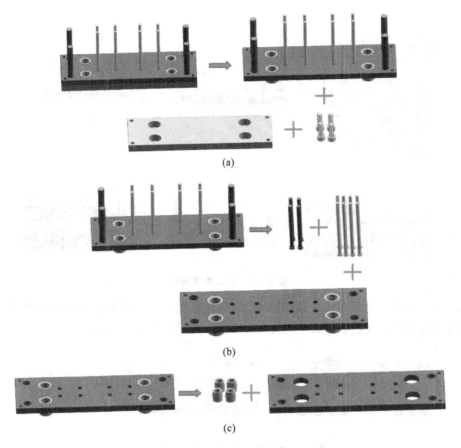

图 2-2-8　推件机构拆卸

座板中取出，如图 2-2-9 所示。注意在限位钉和推板导柱脱离动模座板时，应用手或木盒接住，以免限位钉和导柱掉落地面损坏或掉落后难于寻找。至此，动模拆卸完成。

图 2-2-9　动模座板组件拆卸

3）定模拆卸

（1）定位圈拆卸（零件编号参照图 1-2-4）。

定位圈安装在定模座板上，与注塑机固定模板中心的定位孔相配合，其作用是为了使主流道与喷嘴和机筒对中。拆卸时，将定模侧翻或翻转置于台虎钳或等高铁上，用内六角扳手拧出定位圈 31 上的两个内六角螺钉 29，然后将定位圈从定模座板 10 上移开，如图 2-2-10 所示。

（2）拉杆导柱拆卸（零件编号参照图 1-2-4）。

拉杆导柱 27 在该模具中作用除了保证凹模 8、推料板 9 与定模座板 10 在开合模时的正确位置外，还对凹模和推料板起支撑作用。拆卸时，先用内六角扳手卸下内六角螺钉 24，再将弹性垫圈 22 和挡环 23 从拉杆导柱端面移开，如图 2-2-11（a）所示。然后用铜棒轻击导柱端面或端面上垫的垫块，将其从定模座板 10 中取出，如图 2-2-11（b）所示。

图 2-2-10　定位圈拆卸

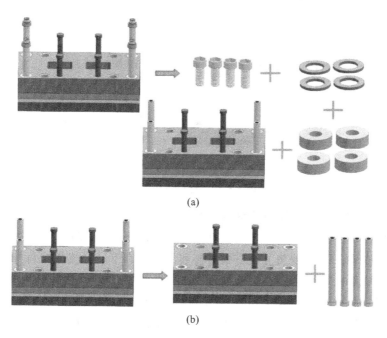

(a)

(b)

图 2-2-11　拉杆导柱拆卸

（3）定距拉杆拆卸（零件编号参照图 1-2-4）。

定距拉杆 13 的主要作用是开模时限制凹模 8 在规定的距离内移动,同时与螺钉 11 一起带动推料板 9 运动,使浇注系统凝料从模具中自动脱落的作用。拆卸时,将定模翻转,用一字螺丝刀旋出螺钉 11,将定距拉杆 13 从凹模 8 中取出,如图 2-2-12 所示。

图 2-2-12　定距拉杆拆卸

（4）凹模组件拆卸（零件编号参照图 1-2-4）。

拉杆导柱和定距拉杆拆卸后,便可将凹模组件从推料板 9 上搬开,并将弹簧 12 拿开,如图 2-2-13(a)所示。

对凹模上带头导套 7 和 25 的拆卸,两者之间没有先后顺序关系,其拆卸方法与推件机构中推板导套的拆卸相同,这里不再敷叙,拆卸后的效果如图 2-2-13(b)所示。

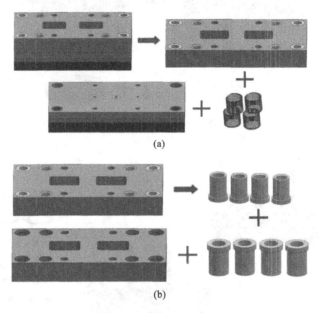

图 2-2-13　凹模组件拆卸

(5) 推料板组件拆卸(零件编号参照图 1-2-4)。

由于推料板 9 与定模座板 10 之间装有分流道拉料杆 28 和浇口套 30,因此在将推料板从定模座板上移开之前,先要将分流道拉料杆和浇口套卸下。分流道拉料杆和浇口套的拆卸与前面带头导套的拆卸类似,在拆卸前也需在其端部垫上垫块,然后用铜棒敲击垫块使其从定模座板 10 和推料板 9 中卸下,如图 2-2-14(a)所示。

在分流道拉料杆和浇口套拆卸后,将推料板从定模座板上移开,平放于等高铁或台虎钳上,用前面拆卸带头导套的方法将直导套 26 从推料板中卸下,如图 2-2-14(b)所示。

至此,整套模具拆卸完成。

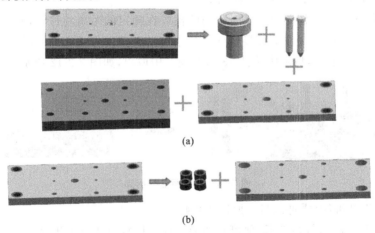

图 2-2-14　推料板组件拆卸

4）零件摆放

动、定模拆卸完后,应检查可拆卸的零件是否完全拆卸,然后将所有拆卸下来的零件摆放整齐,方便装配时零件的查找和拿取,如图 2-2-15 所示。

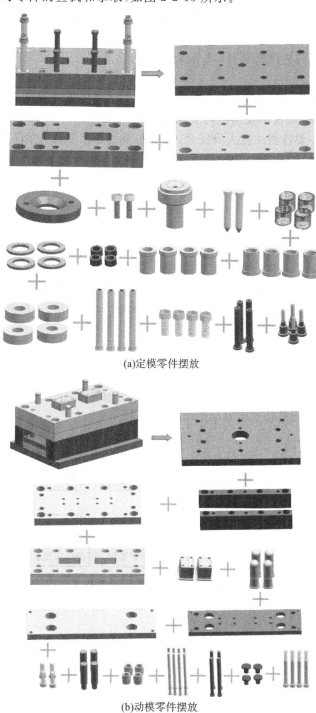

(a)定模零件摆放

(b)动模零件摆放

图 2-2-15　零件摆放

4. 塑料模拆卸时的注意事项

（1）拆卸前,应对模具仔细观察,了解模具结构、各个零件的作用及相互配合关系,同时,为方便拆卸后的复原装配,对各类对称零件及安装方向易出错的零件应事先作好标识。

（2）拆卸过程中,应用铜棒敲打模具零件或用铜棒敲打模具零件上垫上的垫块;严禁用手锤直接敲打模具零件,以防模具零件被敲打部位变形或损坏。

（3）拆卸后的零件应摆放整齐,对一些细小零件,如螺钉、销钉等,应用盒子装起来,防止丢失。

（4）不可拆卸或不易拆卸的零件,如型芯(型腔)与固定板采用过盈配合或复原装配时装配质量要求较高时,建议不要强拆,否则装配时难以复原。

（5）拆卸过程中要特别注意人身安全,对一些重量和外形较大的零件拆卸后应放置稳当,以防滑落、倾倒伤人而引起安全事故。

（6）在拆卸弹性零件时,要严防这些零件弹出伤人。

（二）注射模装配

1. 装配前准备

注射模装配前的准备工作同冲模装配前的一样,首先应对照装配图对零件进行仔细清查,保证所有零件的数量、质量符合要求,对丢失、磨损或损坏的零件要补齐、修复或更换;其次要对模具零件全部进行清洗、擦拭,确保零件装配时干净、清洁;再根据模具结构制定合适的模具装配方案。

2. 装配方案

塑料模的复原装配方案同冲模一样,只有在充分了解模具结构及各零件相互配合的基础上才能制订。一般来说,塑料模的复原装配方案是按照拆卸方案逆向进行的。图 1-2-4 所示的双分型面注射模的装配方案如图 2-2-16 所示。

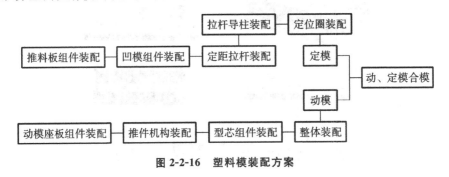

图 2-2-16　塑料模装配方案

3. 模具装配

注射模的装配顺序是按照拆卸的逆向顺序进行的,现以图 1-2-4 所示双分型面注射模为例来说明注射模的装配顺序。

1）定模装配

（1）推料板组件装配(零件编号参照图 1-2-4)。

推料板组件装配如图 2-2-17 所示。装配时,先将推料板 9 水平放置于平口钳或等高垫铁上,再将直导套 26 用手放置于推料板上的安装孔中,并轻轻压入,然后用铜棒将直导套敲入推料板安装孔,如图 2-2-17(a)所示。注意在用铜棒敲入时,应随时用手将直导套扶正,切不可在歪斜状态下敲击。

　　然后将定模座板 10 按照先前划线方向覆盖于已装好直导套的推料板 9 上,使两板所有对应安装孔的位置基本对齐。此时用手将浇口套 30 压入定模座板浇口套按照孔中,再用铜棒将浇口套装入定模座板和推料板浇口套按照孔中,如图 2-2-17(b)所示。注意在装配过程中,当浇口套在进入推料板时,如果听到金属碰撞声时,应适当移动推料板,使浇口套顺利装入。当听到浇口套台阶面与定模座板安装孔端面发出金属碰撞声时,说明浇口套已装配到位了。

　　在上述零件装配好后,即可进行分流道拉料杆 25 的装配。装配时,将分流道拉料杆用手压入定模座板上的安装孔中,再用铜棒轻轻敲入,如图 2-2-17(c)所示。同浇口套装配一样,当分流道拉料杆进入推料板时,如果听到金属碰撞声时,应适当转动推料板,使分流道拉料杆顺利装入。当听到分流道拉料杆台阶面与定模座板安装孔端面发出金属碰撞声时,说明浇分流道拉料杆已装配到位了。

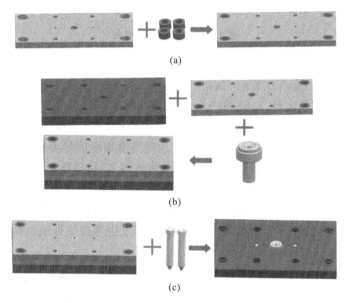

(a)

(b)

(c)

图 2-2-17　推料板组件装配

　　(2) 凹模组件装配(零件编号参照图 1-2-4)。

　　凹模组件装配主要是带头导套 7 和带头导套 25 在凹模 8 上的装配。这两种导套在装配时,没有先后顺序之分。装配前,先用锉刀或手动打磨机将凹模上导套安装孔的入口端倒角,避免导套开始装入时插伤安装孔入口端,影响装配质量。装配时,先用手将带头导套 7 轻轻压入,然后用铜棒轻击导套端面,一般轻击,一般检测其与凹模表面的垂直度,直到导套全部装入,当装配到位时,会听到导套端面与凹模安装孔端面发出的金属碰撞声,如图 2-2-18(a)所示。此时将凹模翻转,用同样的方法将导套 25 装入凹模中,如图 2-2-18(b)所示。注意在用铜棒击打过程中,轻击导套进入安装孔 1/3 后,可用力进行敲击,在快要装配到位时,应用大力敲打,此时能听到两接触面接触时产生的金属碰撞声。

　　再翻转凹模,按图 2-2-18(c)所示将弹簧 12 放入凹模定距拉杆过孔的台阶孔中,然后将推料板组件按标识的方向覆盖在凹模上,是凹模上的各孔与推料板及定模座板个对应孔基本对齐,如图 2-2-18(d)所示。

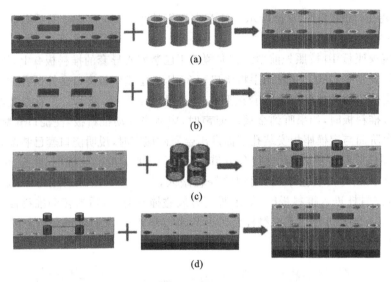

图 2-2-18　凹模组件装配

（3）拉杆导柱装配（零件编号参照图 1-2-4）。

在推料板组件和凹模组件装配完成后，即可进行拉杆导柱装配，其装配过程如图 2-2-19 所示。装配时，夹住凹模组件，以免弹簧 12 将凹模 8 和推料板 9 弹开，然后将凹模组件侧翻或翻转，再将拉杆导柱 27 压入定模座板 10 的拉杆导柱安装孔中，用铜棒敲击其端面，并适当调整凹模位置，使拉杆导柱顺利通过推料板 9 和凹模相应的导套孔如图 2-2-19（a）所示。按图 2-2-19（b）所示在拉杆导柱的带孔端装上弹簧垫圈 22 和挡环 23，最后用内六角螺钉 24 将弹簧垫圈和挡环一起紧固在拉杆导柱上，如图 2-2-19（c）所示。在拉杆导柱装入过程中应注意适当调整推料板和凹模位置，保证拉杆导柱顺利从推料板和凹模的导套孔中通过，切不可在拉杆导柱受阻的情况下用力敲击，以免拉杆导柱发生弯曲变形或折断。

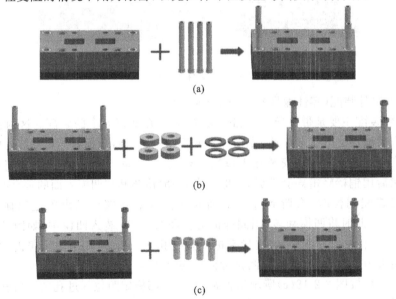

图 2-2-19　拉杆导柱装配

（4）定距拉杆装配（零件编号参照图 1-2-4）。

在拉杆导柱装配好后，将定距拉杆 13 插入凹模的定距拉杆过孔中，如图 2-2-20（a）所示。再从定模座板 10 的相应孔中旋入螺钉 11，使定距拉杆与推料板紧固连接，如图 2-2-20（b）所示。

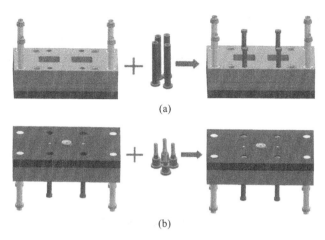

（a）

（b）

图 2-2-20　定距拉杆装配

（5）定位圈装配（零件编号参照图 1-2-4）。

在装定位圈 31 之前，应对上面的拉杆导柱和定距拉杆装配情况进行检查，保证凹模和推料板能够运动自如，不出现发卡现象。检查合格后，将定位圈套在浇口套上，调整好定位圈的位置，使其螺钉过孔与定模座板 10 上的螺纹孔对齐，然后拧入螺钉 29，使定位圈紧固在定模座板上，如图 2-2-21 所示。至此，完成定模装配。

图 2-2-21　定位圈装配

2）动模装配

（1）动模座板组件装配（零件编号参照图 1-2-4）。

动模座板组件装配主要是限位钉 18 和推板导柱 20 在动模座板 1 上的装配。将动模座板平放于等高铁或台虎钳上，用铜棒将限位钉 18 分别装入动模座板中，装配时应使限位钉与动模座板接合面完全接触；然后将推板导柱装入，在导柱装入时，应保持导柱与动模座板平面垂直，如图 2-2-22 所示。

图 2-2-22　动模座板组件装配

（2）型芯组件装配（零件编号参照图1-2-4）。

型芯组件装配后的效果如图2-2-23所示。将型芯固定板5台阶面朝上放置于等高铁或台虎钳上，再将型芯14按拆卸时所做的标识方向置于固定板相应安装孔中，用铜棒敲击型芯，使其台阶端面与型芯固定板端面平齐，如图2-2-23（a）所示。然后将带头导柱6按相同的方法装入型芯固定板5中，如图2-2-23（b）所示。

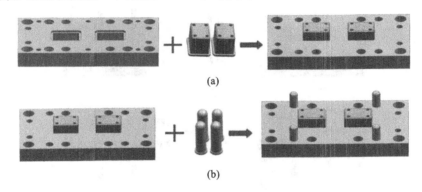

(a)

(b)

图 2-2-23　型芯组件装配

（3）推件机构装配（零件编号参照图1-2-4）。

当型芯组件装好以后，按拆卸时作好的标识，将支承板4覆盖在型芯固定板5上，使两者的外形轮廓对齐，如图2-2-24（a）所示。再在支承板上垫上合适的等高铁，如图2-2-24（b）所示。然后将推杆固定板16按标识的方向放置于等高铁上，使三块板上的推杆过孔和复位杆过孔基本对齐，如图2-2-24（c）所示。用手将推杆15和复位杆32分别压入推杆固定板中，并适当调整推板固定板和支承板的位置，使复位杆和推杆能顺利进入型芯固定板5及型芯14相应孔中，当复位杆和推杆全部进入型芯和固定板相应孔后，用铜棒敲击推杆和复位杆端部，使其端面与推杆固定板平齐，如图2-2-24（d）所示。然后将推板导套21装入推板固定板中，如图2-2-24（e）所示。接着将推板17套入已安装到推板固定板的推板导套中，并旋入内六角螺钉30将两者紧固连接，如图2-2-24（f）所示。

（4）动模整体装配（零件编号参照图1-2-4）。

调整等高铁位置，使其不影响垫块2装配时的放置。然后将垫块2按拆卸时的标识方向置于已装好推件机构的动模部分支承板6上，再将动模座板组件覆盖在垫块上，用内六角螺钉3将动模座板1、垫块2、支承板6和型芯固定板7连接紧固，移开等高铁，完成动模装配，如图2-2-25所示。

3）模具合模

动、定模分别装配好以后，便可进行合模了。在合模前，应对动、定模各活动部分进行检查，确保各零件无漏装，模具各个活动部分运动灵活，无发卡现象。然后将动、定模按原先标识的方向合模，完成整体模具复原装配。如图2-2-26所示。

4. 注射模装配时的注意事项

（1）在装配前对照装配图的明细表对所有零件进行检查，整套模具零件是否齐全，零件质量是否合格，否则需补齐、更换或修复。

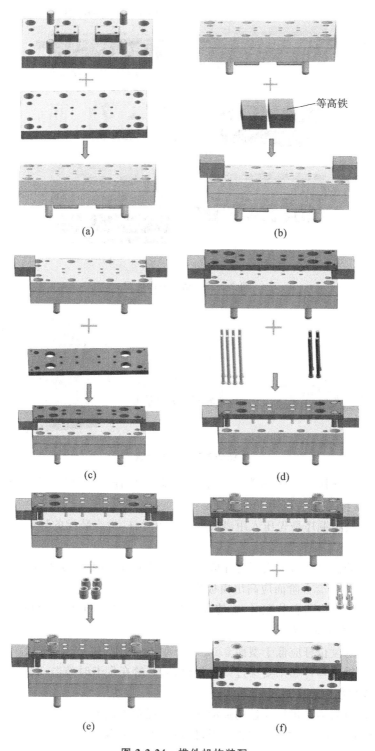

图 2-2-24　推件机构装配

（2）在型芯、型腔等组件及导柱、导套、推件机构等装配时，要严防伤及安装孔的入口处，否则无法保证两者的垂直度要求。

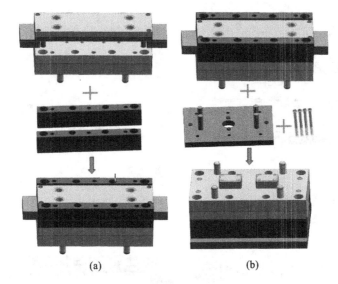

(a)　　　　　　　　　　(b)

图 2-2-25　动模整体装配

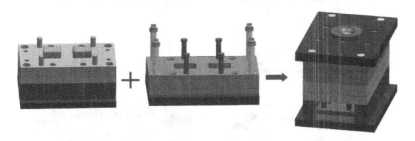

图 2-2-26　模具合模

（3）模具中的导柱装配时，每装入一个导柱，均应检查开模和合模是否灵活，只有在开、合模灵活的状态下，才能装配第二个导柱。

（4）导柱的装配顺序是先压入距离最远的两个导柱，检查装配的导柱合格后，再压入第三、第四个导柱。

（5）装配后的浇口套与模板配合孔应紧密、无缝隙，浇口套与模板孔的定位台阶应紧密贴实。装配后的浇口套台阶面应高出模板平面 0.02 mm。

（6）多型腔模具浇口套装配时，应使浇口套出口端的分流道与型面板上的分流道对齐，并在注射过程中严防浇口套转动。

（7）装配好的复位杆应低于型面 0.02～0.05 mm；推杆应高于型面 0.05～0.1 mm。

（8）装配的轴类零件如果要穿过多块板时，应严禁在发卡时敲击，此时应适当调整板的位置，让轴类零件能顺利穿过。

（9）模具的所有活动机构应运动灵活，防止出现发卡现象。

（10）所有紧固螺钉应拧紧，防止松脱，以免产生安全事故。

（11）模具装配完成后，应检查装配场地是否有零件掉落、漏装的情况。

四、任务实施

为了完成图 2-2-1 所示方形塑料盖注射模具拆装任务,建议如下:

(1) 将学生进行分组,每组人员为 4～6 人;

(2) 制定评分标准。

评分标准见表 2-2-1。

表 2-2-1　评分标准

班　　级		小 组 编 号		小　组　长	
小 组 成 员		成 员 分 工			
小 组 自 评		小 组 互 评		综 合 得 分	
序　　号	内　　容	配　　分	小 组 互 评	小 组 自 评	综 合 得 分
1	第 1 题	5 分			
2	第 2 题	10 分			
3	第 3 题	10 分			
4	拆装过程规范性	30 分			
5	小组成员分工合理性	5 分			
6	小组成员的团队合作性	10 分			
7	小组成果汇报	15 分			
8	职业素养	15 分			

五、复习与思考

1. 填空题

(1) 模具拆卸前的准备工作包括_____、_____和场地准备。

(2) 为方便拆卸后复原装配,对各类对称模具零件及安装方向易出错的模具零件应事先作好_____。

(3) 拆卸后的零件应摆放整齐,对一些细小零件,应用_____装起来,防止丢失。

(4) 多型腔模具浇口套装配时,应使浇口套出口端的_____与分流道对齐,并在注射过程中严防浇口套转动。

2. 选择题

(1) 装配好的推杆端面(　　)型面。

A. 高出　　　　　　　　B. 低于　　　　　　　　C. 齐平

(2) 定模拆卸时,首先拆卸的零件是(　　)。

A. 定模座板　　　　　　B. 浇口套　　　　　　　C. 定位圈

（3）装配好的复位杆应低于型面（　　）。

A. 0.1～0.2 mm　　　　　B. 0.05～0.1 mm　　　　　C. 0.02～0.05 mm

（4）装配后的浇口套台阶面应高出模板平面（　　）。

A. 0.1 mm　　　　　　　B. 0.05 mm　　　　　　　C. 0.02 mm

3. 判断题（对的在后面的括号内打√，错的打×）

（1）导套拆卸时，一般要在导柱入口端垫上尺寸合适的铜棒或圆钢。　　　　（　　）

（2）在模具拆装时需要用手锤敲打的部位，直接用手锤敲打就可以了。　　　　（　　）

（3）注射模模具合模前，应对装配的动、定模进行检查，合格后才能合模。　　　（　　）

（4）导柱的装配顺序是先压入距离最近的两个导柱，再压入另外两个导柱。　　（　　）

4. 简答题

（1）注射模拆卸时，应注意哪些事项？

（2）注射模装配时，应注意哪些事项？

项目三 模具测绘

模具在使用过程中,由于各种原因会导致模具零件磨损或损坏,要对这些磨损或损坏的零件进行修复或重新制造,都需以这些零件工程图作为依据,模具测绘就是根据模具实物,通过测量,绘制出模具零件图样和模具装配图样的过程。

模具测绘与模具设计不同,模具测绘是先有模具实物,再根据模具实物画出图样,通过对测量出来的尺寸进行计算或圆整,并在图样上进行标注形成零件图的一种方法;而模具设计是根据所给出的产品图样和要求,设计出符合该产品生产模具的过程。

【知识目标】

1. 掌握模具常用测量工具选择和使用方法。
2. 掌握模具零件常用的测量方法。
3. 掌握模具零件测绘数据的处理方法。
4. 掌握模具装配图和零件图的绘制方法。

【技能目标】

1. 能根据模具实物正确选择和使用测量工具。
2. 能根据测量结果计算和圆整模具零件的尺寸。
3. 能正确绘制模具装配图和零件图。
4. 具备发现、分析和解决问题的能力。
5. 具备查阅资料,并利用现代信息技术收集和筛选信息的能力。

任务一 冲模测绘

一、任务描述

根据图 1-1-1 所示弧形垫片落料模所提供的模具实物,在掌握其结构和工作原理的基础上,完成下列工作任务。

（1）完成对零件 1、2、4、5、6、7、8、11、15、16、19、20 的测量和绘制工作。

（2）绘制该模具的装配图。

二、任务分析

通过对图 1-1-1 所示弧形垫片冲裁模的认知和拆装，系统地掌握了该类冲模的结构、工作原理及冲模中各个零件的名称和作用，借助于已学《机械制图》《公差配合与技术测量》《金属材料及热处理》的相关知识及在《金工实训》中所学的钳工和零件机械加工知识，通过查阅有关设计资料和冲模标准资料，即可方便测绘出该模具的零件图和装配图，为日后从事冲模方面的工作打下良好的基础。

三、知识链接

（一）模具常用测量工具

1. 游标卡尺

游标卡尺是一种中等精度量具，主要用来测量工件的外径、孔径、长度、宽度、深度、孔距等尺寸。钳工常用游标卡尺的测量范围有 0～125 mm、0～200 mm、0～300 mm 等几种。

1）游标卡尺结构

普通游标卡尺的结构形式如图 3-1-1 所示。其中图 3-1-1(a)所示为可微调的游标卡尺，其主要由尺身 1 和游标 8 组成，5 是微调装置。使用时，松开紧固螺钉 4，即可推动游标在尺身上移动。游标卡尺下量爪 9 的内侧面可测量外径和长度，上量爪 2 可用来测量孔径、孔距和槽宽。图 3-1-1(b)所示是带深度尺的游标卡尺，其结构简单，上量爪可测量孔径、孔距和槽宽，下量爪可测量外径和长度，尺后的深度尺 10 还可测量内孔和沟槽深度。

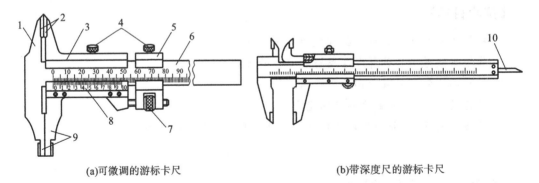

(a)可微调的游标卡尺　　　　　　　　　　　(b)带深度尺的游标卡尺

图 3-1-1　普通游标卡尺结构

1—尺身；2—上量爪；3—尺框；4—紧固螺钉；5—微调装置；6—主尺；

7—微动螺母；8—游标；9—下量爪；10—深度尺

2）游标卡尺的刻度原理

游标卡尺按其读数值精度可分为 0.1 mm、0.05 mm、0.02 mm 三种。目前使用较多的是读数值精度为 0.02 mm 的游标卡尺。

（1）读数值精度为 0.1 mm 的游标卡尺刻线原理。

读数值精度为 0.1 mm 的游标卡尺尺身上每小格为 1 mm，当两量爪合并时，游标上的 10 格刚好与尺身上的 9 mm 对正，即尺身上的 9 mm 等于游标上的 10 格，如图 3-1-2 所示。则游标每格＝9 mm/10＝0.9 mm，尺身与游标上每格相差 1 mm－0.9 mm＝0.1 mm。

读数值精度为 0.1 mm 的另一种刻线原理是尺身上 19 mm 对准游标的 10 格，则游标每格＝19 mm/10＝1.9 mm，尺身 2 格与游标 1 格相差 0.1 mm。这种刻线方法就是放大刻度的游标卡尺，其优点是刻线清晰，容易看准。

（2）读数值精度为 0.05 mm 的游标卡尺刻线原理。

读数值精度为 0.05 mm 的游标卡尺尺身上每小格为 1 mm，当两量爪合并时，尺身上的 19 mm 刚好等于游标上的 20 格，如图 3-1-3 所示。则游标上每格＝19 mm/20＝0.95 mm，尺身与游标上每格相差 1 mm－0.95 mm＝0.05 mm。

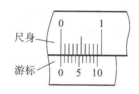

图 3-1-2　0.1 mm 游标卡尺刻线原理

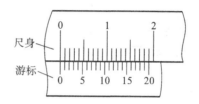

图 3-1-3　0.05 mm 游标卡尺刻线原理

读数值精度为 0.05 mm 的游标卡尺另一种刻线原理是：尺身每格长度为 1 mm，游标总长为 39 mm，等分 20 格，每格长度为 39 mm/20＝1.95 mm，则尺身 2 格和游标 1 格长度之差为 2 mm－1.95 mm＝0.05 mm，所以它的精度为 0.05 mm。

（3）读数值精度为 0.02 mm 的游标卡尺刻线原理。

读数值精度为 0.02 mm 的游标卡尺尺身上每小格为 1 mm，当两量爪合并时，尺身上的 49 mm 刚好等于游标上的 50 格，如图 3-1-4 所示。则游标上每格＝49 mm/50＝0.98 mm，尺身与游标上每格相差 1 mm－0.98 mm＝0.02 mm。

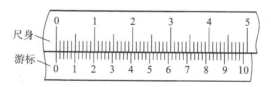

图 3-1-4　0.02 mm 游标卡尺刻线原理

3）游标卡尺的读数方法

游标卡尺的读数方法如图 3-1-5 所示，分以下三个步骤。

（1）读出游标卡尺零刻线左边尺身上的整毫米数。

（2）读出游标上的小数尺寸，即看游标从零线开始第几条刻线与尺身某一刻线对齐，其游标刻度线与精度的乘积就是不足 1 mm 的小数部分。

（3）将整毫米数与小数相加就是测得的实际尺寸。

4）游标卡尺的使用方法

（1）测量外形尺寸。

测量外形尺寸如图 3-1-6 所示，测量时量爪应张开到略大于被测尺寸而自由进入工件，

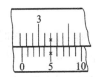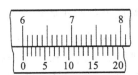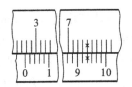

27 mm+0.5 mm=27.5 mm　　60 mm+0.05 mm=60.05 mm　　27 mm+0.94 mm=27.94 mm

(a)0.1 mm游标卡尺的读数　　(b)0.05 mm游标卡尺的读数　　(c)0.02 mm游标卡尺的读数

图 3-1-5　游标卡尺的读数方法

以固定量爪贴紧工件,然后轻轻推动游标,用轻微压力把活动量爪贴靠在工件的另一面,并使游标卡尺测量面接触正确,然后把紧固螺钉拧紧,读出读数,如图 3-1-6(a)所示。测量时,游标卡尺可按图 3-1-6(b)所示进行单手测量,也可按图 3-1-6(c)所示进行双手测量。卡尺测量面的连线应垂直于被测量表面,不能偏斜,如图 3-1-6(d)所示的测量方法就不正确。

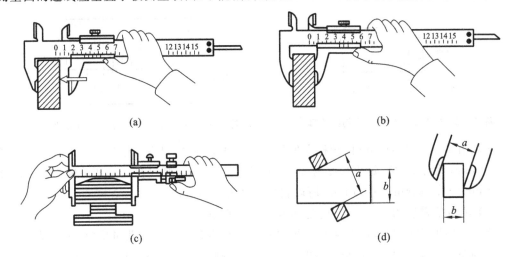

(a)　　　　　　　　　　　　　　　(b)

(c)　　　　　　　　　　　　　　　(d)

图 3-1-6　测量外形尺寸

(2) 测量内孔尺寸。

测量内孔尺寸时,两量爪应张开到略小于被测尺寸,使量爪自由进入孔内,再慢慢张开并轻轻地接触零件的内表面,两侧量爪应在孔的直径上,不能偏斜,如图 3-1-7 所示。

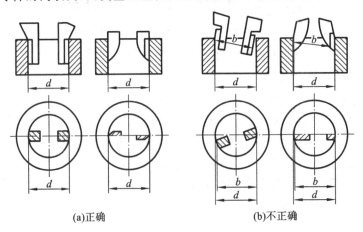

(a)正确　　　　　　　　　　　　(b)不正确

图 3-1-7　测量内孔尺寸

（3）测量深度尺寸。

用带深度尺的游标卡尺测量孔、槽的深度或台阶长度时，主尺端部贴紧所需测量基准面，移动游标，使深度尺端部贴紧孔的底部或台阶面，拧紧紧固螺钉，读出读数，该读数则为孔、槽的深度或台阶长度，如图 3-1-8 所示。

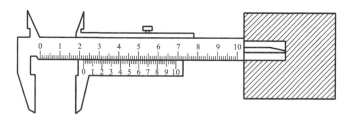

图 3-1-8　测量深度尺寸

5）游标卡尺使用时的注意事项

（1）应按工件的尺寸和精度要求选用合适的游标卡尺。游标卡尺只适用于中等精度（IT10～IT6）尺寸的测量和检验。不能用游标卡尺测量铸铁件等毛坯尺寸，也不能用游标卡尺去测量精度要求过高的工件。

（2）使用前要擦净量爪，检查游标卡尺量爪和测量刃口是否平直无损，两量爪贴合时无漏光现象，尺身和游标的刻线是否对齐。

（3）读数时，应将游标卡尺置于水平位置，使人的视线尽可能与游标卡尺的刻线垂直，以免视线歪斜造成读数误差。

2. 深度游标卡尺

1）深度游标卡尺的结构

深度游标卡尺是用来测量台阶长度和孔、槽的深度的，刻线原理和读数方法与普通游标卡尺一样，其外形和结构如图 3-1-9 所示。

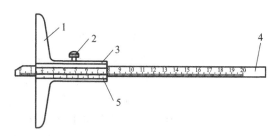

图 3-1-9　深度游标卡尺的外形和结构

1—测量基座；2—紧固螺钉；3—尺框；4—尺身；5—游标

2）深度游标卡尺的使用方法

深度游标卡尺的使用方法如图 3-1-10 所示，测量孔的深度时，先把测量基座轻轻压在工件的基准面上，使两侧端面与工件的基准面接触，再移动尺身，直到尺身的端面接触到孔的测量面（底面），然后用紧固螺钉固定尺框，提起卡尺，读出深度尺寸，如图 3-1-10（a）所示。测量台阶长度或深度时，测量基座端面一定要压紧在基准面上，如图 3-1-10（b）、（c）所示，再移动尺身，直到尺身的端面接触到工件的测量面（台阶面），然后用紧固螺钉固定尺框，提起卡尺，读出深度尺寸。对于多台阶小直径的内孔深度测量,此时要注意尺身的端面是否在要测量的台阶上,如图 3-1-10 (d)所示。当基准面是曲线时,测量基座的端面必须放在曲线的最高点上,如图 3-1-10 (e)所示,此时测量出的深度尺寸才是工件的实际尺寸,否则会出现测量误差。

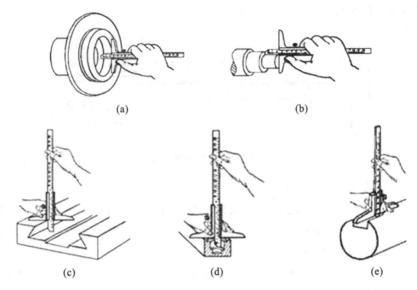

(a)　　　　　　(b)

(c)　　　　(d)　　　　(e)

图 3-1-10　深度游标卡尺的使用方法

3)深度游标卡尺使用时的注意事项

(1) 测量前,应将被测量表面擦干净,以免灰尘、杂质等磨损量具。

(2) 卡尺的测量基座和尺身端面应贴紧并垂直于被测表面,不得歪斜,否则会造成测量结果不准。

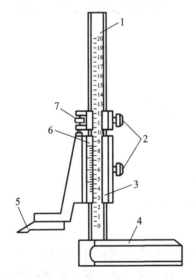

图 3-1-11　高度游标卡尺的结构

1—主尺;2—紧固螺钉;3—尺框;
4—基座;5—量爪;6—游标;7—微动装置

(3)在机床上测量零件时,要等机床完全停稳后进行,否则不但会使量具的测量面过早磨损而失去精度,且会造成事故。

(4)测量沟槽深度或当基准面是曲线时,测量基座的端面必须放在曲线的最高点上,这样测量出的深度尺寸才是工件的实际尺寸,否则会出现测量误差。

(5)用深度游标卡尺测量零件时,不允许过分地施加压力,所用压力应使测量基座刚好接触零件基准表面,尺身刚好接触测量平面。如果测量压力过大,不但会使尺身弯曲或基座磨损,还会造成测量尺寸不准确。

3. 高度游标卡尺

1) 高度游标卡尺的结构

高度游标卡尺的结构如图 3-1-11 所示,它是用来测量零件的高度和进行精密划线的。它的结构特点是用质量较大的基座 4 代替固定量爪,而可移动的尺框 3 则通过横臂装有测量高度和划线用的量爪 5,量爪的测量面上镶有硬质合金,以提高量爪使用寿命。

2）高度游标卡尺的使用方法

在用高度游标卡尺对工件进行高度测量和划线时,都应在划线平台上进行。此时量爪的测量面与基座的底平面位于同一平面,主尺与游标的零线相互对准。所以在测量高度时,量爪测量面的高度,就是被测量零件的高度,它的具体数值,与游标卡尺一样可在主尺(整数部分)和游标（小数部分）上读出,如图 3-1-12(a)所示。用高度游标卡尺划线时,应先调节好划线高度,然后用紧固螺钉把尺框锁紧,再在划线平台、方箱或 V 形铁上对工件进行划线,如图 3-1-12(b)所示。

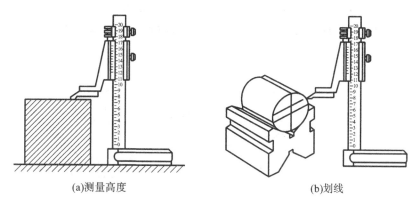

(a)测量高度　　　　　　　　　　(b)划线

图 3-1-12　高度游标卡尺的使用方法

3）高度游标卡尺使用时的注意事项

(1) 测量前应擦净工件测量表面和高度游标卡尺的主尺、游标、测量爪;检查测量爪是否磨损。

(2) 使用前应调整量爪的测量面,使其与基座的底平面位于同一平面上,检查主尺与游标的零线是否对齐。

(3) 测量工件高度时,应将量爪轻微摆动,在最大部位读取数值。

(4) 不能用高度游标卡尺对锻件毛坯、铸件毛坯和运动工件的表面进行测量,以免造成卡尺损坏。

4. 千分尺

千分尺是测量中最常用的精密量具之一,是利用螺旋读数原理制造的。广义上的千分尺通常可分为百分尺和千分尺。百分尺的最小读数值为 0.01 mm,千分尺的最小读数值为 0.001 mm。千分尺在工厂应用较少,工厂中通常把百分尺称为千分尺。

1）外径千分尺

(1) 外径千分尺结构。

外径千分尺主要用来测量工件的外径、长度、厚度等。其使用比较灵活且精度比一般游标卡尺高,测量精度可达 0.01 mm,并能准确地读出尺寸,因此对加工精度要求较高的工件测量时多应用千分尺。

外径千分尺的测量范围从零开始,每增加 25 mm 为一种规格,常用的规格有 0～25 mm、25～50 mm、50～75 mm、75～100 mm、100～125 mm 等。测量范围大于 300 mm

时,把固定测砧制成可调式的,调节范围为 100 mm。使用时按被测工件的尺寸选用外径千分尺。

常用外径千分尺的结构如图 3-1-13 所示,其中固定套筒(主尺)3 的表面有刻度,衬套 4 内有内螺纹,螺距为 0.5 mm,测微螺杆 7 右端的螺纹可沿此内螺纹回转。在固定套筒 3 的外面有一微分筒(副尺)6,上面有刻度,它用锥孔与测微螺杆 7 右端锥体相连。测微螺杆 7 在转动时松紧程度可用螺母 5 调整。当要测微螺杆 7 不动时,可转动手柄 13 通过偏心机构锁紧。松开罩壳 8 时,可使测微螺杆 7 与微分筒 6 分离,以便调整零线位置。转动棘轮 11,测微螺杆 7 就会前进。当测微螺杆 7 左端面接触工件时,棘轮 11 在棘爪 10 的斜面上打滑,由于弹簧 9 的作用,棘轮 11 在棘爪 10 上滑过而发出咔咔声。如果棘轮 11 以相反方向转动,则拨动棘爪 10 和微分筒 6 以及测微螺杆 7 转动,使测微螺杆向右移动。棘轮 11 用螺钉 12 与罩壳 8 连接。

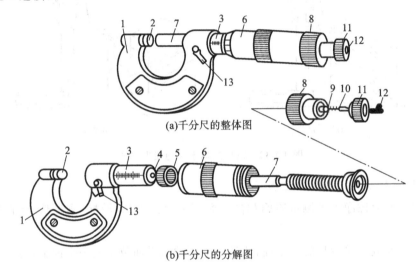

(a)千分尺的整体图

(b)千分尺的分解图

图 3-1-13　常用外径千分尺的结构

1—尺架;2—测砧;3—固定套筒(主尺);4—衬套;5—螺母;6—微分筒(副尺);7—测微螺杆;
8—罩壳;9—弹簧;10—棘爪;11—棘轮;12—螺钉;13—手柄(锁紧装置)

固定套筒上的轴向刻有一条中线,这条线是微分筒副尺的读数基准线。在刻线上下各刻有一排间距为 1 mm、与此中线垂直的刻度线,相互错开 0.5 mm。其中上一排刻线刻有 0、5、10、15、25,是表示毫米整数值的,相对下一排刻线是错过 0.5 mm 数值的。

(2) 外径千分尺的刻线原理。

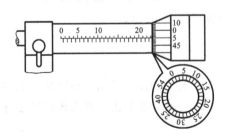

图 3-1-14　外径千分尺的刻线原理

外径千分尺的刻线原理如图 3-1-14 所示。测微螺杆的螺距为 0.5 mm,固定套筒上每相邻两刻线轴向每格长为 0.5 mm。当微分筒转一圈时,测微螺杆就移动 1 个螺距0.5 mm。微分筒圆锥面上共等分 50 格,微分筒每转一格,测微螺杆就移动 0.5 mm/50＝0.01 mm,所以千分尺的测量精度为 0.01 mm。

(3) 外径千分尺的读数。

外径千分尺的读数如图 3-1-15 所示。先以微分筒的端面为准线,读出固定套管下刻度线的分度值;再以固定套管上的水平横线作为读数准线,读出可动刻度上的分度值,读数时应估读到最小刻度的 1/10,即 0.001 mm。如微分筒的端面与固定刻度的下刻度线之间无上刻度线,测量数值即为下刻度线的数值加可动刻度的值,如图 3-1-15(a)所示;如微分筒的端面与下刻度线之间有一条上刻度线,测量结果应为下刻度线的数值加上 0.5 mm,再加上可动刻度值,如图 3-1-15(b)所示。

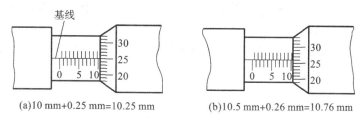

(a)10 mm+0.25 mm=10.25 mm　　　　(b)10.5 mm+0.26 mm=10.76 mm

图 3-1-15　外径千分尺的读数

2) 内径千分尺

内径千分尺是用来测量内孔直径、槽宽等尺寸的,有普通内径千分尺和杠杆内径千分尺两种,如图 3-1-16 所示。

测量孔径不大时(如小于 40 mm),可用普通内径千分尺,这种千分尺的刻线方向与外径千分尺相反,当微分筒顺时针转动时,测微螺杆带动卡脚移动,测距越来越大。

测量大孔时,可用杠杆内径千分尺。它由两部分组成:一部分是尺头部分;另一部分是接长杆。它有多种长度规格,可根据被测工件孔的尺寸大小选择不同规格的接长杆,并装在尺头(千分尺)上。

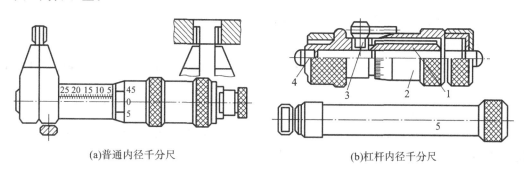

(a)普通内径千分尺　　　　　　　　　(b)杠杆内径千分尺

图 3-1-16　内径千分尺

1—固定套筒;2—微分筒;3—锁紧装置;4—测量面;5—接长杆

3) 深度千分尺

深度千分尺如图 3-1-17 所示,它用于测量阶梯孔、凹槽、盲孔的深度。其结构与千分尺相同,但它的测微螺杆可根据工件尺寸不同进行调整。

4) 千分尺使用时的注意事项

(1) 千分尺在使用前,应先将检验棒置于测砧与测微螺杆端之间,检查固定套筒千分尺中线和微分筒的零线是否重合,微分筒的轴向位置是

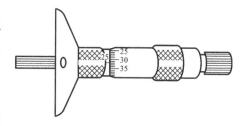

图 3-1-17　深度千分尺

否正确。如果固定套筒中线和微分筒的零线不重合则必须调整。调整方法如下：如图 3-1-13(a)所示，松开罩壳 8，用锁紧装置 13 固定测微螺杆，扭动微分筒即可调整。进行测量时先转动微分筒，当两个测量面接触工件时扭动棘轮 11，直至出现空转，并发出"咔咔"响声，即可读出尺寸。注意在两个测量面接触工件时，不可扭动微分筒进行测量，只能旋转棘轮。如果因工件条件限制不便查看尺寸时，可旋紧锁紧装置，取下千分尺读数。

（2）用千分尺进行测量时，应先将砧座和测微螺杆的测量面擦干净，并校准千分尺的零位。测量时可用单手或双手操作，具体方法如图 3-1-18 所示。不管用哪种方法，旋转力要适当，一般应先旋转微分筒，当测量面快接触或刚接触工件表面时再旋转棘轮，以控制一定的测量力，最后读出读数。

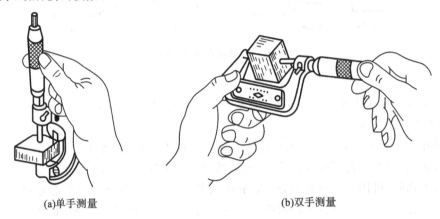

(a)单手测量　　　　　　　　　　　　　　　(b)双手测量

图 3-1-18　千分尺的使用方法

（3）不能用千分尺测量毛坯或正在转动的工件。

5. 万能角度尺

万能角度尺是用来测量工件内、外角度的量具。其测量精度有 $2'$ 和 $5'$ 两种，测量范围为 $0° \sim 320°$。

1）万能角度尺的结构

万能角度尺的结构如图 3-1-19 所示，主要由主尺（尺身）1、扇形板 6、基尺 4、游标 3、直角尺 2、直尺 4、卡块 7 和制动头 5 等部分组成。

2）万能角度尺的刻线原理

精度为 $2'$ 的万能角度尺的刻线原理是：主尺刻线每格 $1°$，游标刻线是将主尺上 $29°$ 所占的弧长等分为 30 格，每格所对应的角度为 $(29/30)°$，因此游标 1 格与主尺 1 格相差：$1° - (29/30)° = (1/30)° = 2'$，即万能角度尺的测量精度为 $2'$。

3）万能角度尺的读数方法

万能角度尺的读数方法与游标卡尺的读数方法相似，具体如图 3-1-20 所示。

（1）先从主尺上读出游标零刻线左边的刻度整数，即 $2°$。

（2）再从游标上读出分的数值（格数 $\times 2'$），即 $8 \times 2' = 16'$。

（3）将两者相加就是被测工件的角度数值，即 $2° + 8 \times 2' = 2°16'$。

4）万能角度尺的测量范围和使用方法

万能角度尺的测量范围一般为 $0° \sim 320°$。测量时，根据产品被测部位的情况，先调整好

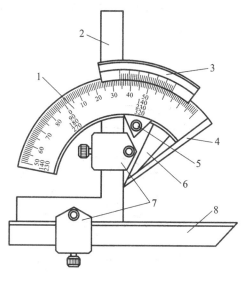

图 3-1-19　万能角度尺的结构

1—主尺;2—直角尺;3—游标;4—基尺;

5—制动头;6—扇形板;7—卡块;8—直尺

图 3-1-20　万能角度尺的读数方法

直角尺或直尺的位置,用卡块上的螺钉把它们紧固住,再来调整基尺测量面与其他有关测量面之间的夹角。这时,要先松开制动头上的螺母,移动主尺作粗调整,然后再转动扇形板背面的微动装置作细调整,直到两个测量面与被测表面密切贴合为止。然后拧紧制动器上的螺母,把角度尺取下来进行读数。

（1）测量 0°～50°外角。

直角尺和直尺全都装上,产品的被测部位放在基尺和直尺的测量面之间进行测量,此时按尺身上第一排刻度示值读数。如图 3-1-21 所示。

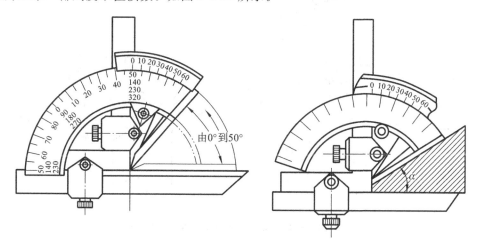

图 3-1-21　测量 0°～50°外角

（2）测量 50°～140°外角。

可把直角尺卸掉,将直尺装上去,使它与扇形板连在一起。工件的被测部位放在基尺和直尺的测量面之间进行测量。也可以不拆下角尺,只把直尺和卡块卸掉,再把角尺拉下来,直到角尺短边与长边的交线和基尺的尖棱对齐为止。把工件的被测部位放在基尺和角尺短边的测量面之间进行测量,此时按尺身上第二排刻度示值读数。如图 3-1-22 所示。

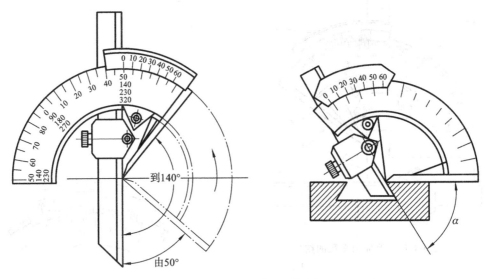

图 3-1-22　测量 50°～140°外角

（3）测量 140°～230°外角,130°～220°内角。

把直尺和卡块卸掉,只装角尺,但要把角尺推上去,直到角尺短边与长边的交线和基尺的尖棱对齐为止。把工件的被测部位放在基尺和角尺短边的测量面之间进行测量,此时按尺身上第三排刻度示值读数。如图 3-1-23 所示。

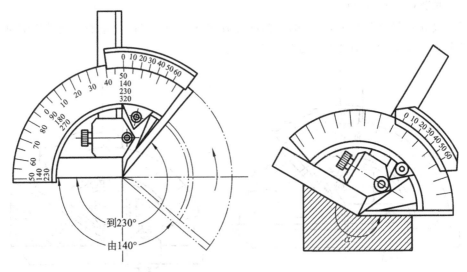

图 3-1-23　测量 140°～230°外角、130°～220°内角

（4）测量 230°～320°外角,40°～130°内角。

把角尺、直尺和卡块全部卸掉,只留下扇形板和主尺(带基尺)。把工件的被测部位放在基尺和扇形板测量面之间进行测量,此时按尺身上第四排刻度示值读数。如图 3-1-24 所示。

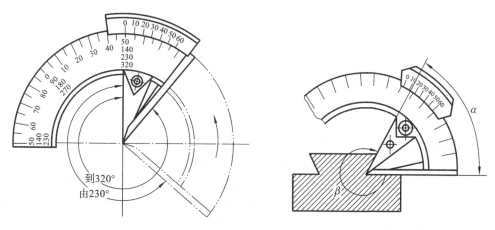

图 3-1-24　测量 230°～320°外角、40°～130°内角

6. 百分表

百分表是一种精度较高的比较量具,它只能测出相对数值,不能测出绝对数值。百分表主要用来测量工件的尺寸、形状和位置误差,也可用来检验机床的几何精度或调整工件的装夹位置偏差。

1) 百分表的结构

百分表的结构如图 3-1-25 所示。当测量杆 8 向上或向下移动 1 mm 时,通过齿轮传动系统带动大指针 6 转一圈,小指针 5 转一格。在表盘 3 的圆周上刻有 100 个等分格,每格的读数为 0.01 mm。小指针每格读数为 1 mm。测量时指针读数的变动量即为尺寸变化量。表盘可以转动,以便测量时大指针对准零刻线。

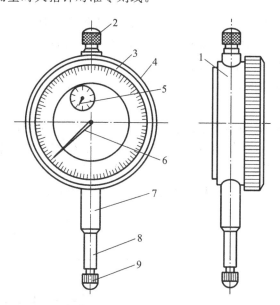

图 3-1-25　百分表的结构

1—表体;2—圆头挡帽;3—表盘;4—表圈;5—小指针;6—大指针;7—套筒;8—测量杆;9—测量头

2）百分表的读数

先读小指针转过的刻度线（即毫米整数），再读大指针转过的刻度线（即小数部分），并乘以0.01，然后两者相加，即得到所测量的数值。

3）百分表的使用方法

（1）测量零件的形位公差。

如图3-1-26所示是用百分表进行零件平行度的测量。测量时，双手推拉表架在平板上缓慢地作前后滑动，用百分表在被测平面内滑过，找到指示表读数的最大值和最小值即可。

图3-1-27所示是用百分表对零件的径向圆跳动和端面圆跳动的检测。检测径向圆跳动的方法是：将百分表装夹和调好后，使被测工件旋转一周，百分表的最大读数与最小读数之差，即为该剖面的径向圆跳动值。对于径向要求比较高的工件，应多检测几个剖面，取各剖面上测得数值中最大值作为该表面的径向圆跳动。

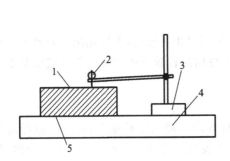

图 3-1-26　平行度测量

1—被测平面；2—百分表；3—表架；4—平板；5—基准表面

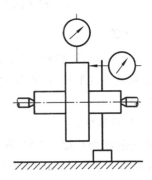

图 3-1-27　径向圆跳动和端面圆跳动测量

检测端面圆跳动的方法与检测径向圆跳动的方法相同。但是，检测端面圆跳动是在给定直径的圆周上，被测端面各点与垂直于基准轴心线的平面间最大与最小距离之差，在不同直径上其端面圆跳动的数值是不同的。若未给定直径，应该在被测表面的最大直径上测量端面圆跳动。要特别注意的是，测量时不允许被测件有轴向移动。

（2）工件的找正。

用百分表找正工件时，应使测量杆有一定的初始压力，即在测量头与零件表面接触时，测量杆应当有0.3～1 mm的压缩量，使指针转动半圈左右，然后转动表圈，使表盘的零位刻线对准指针，轻轻拉动手提测量杆的圆头挡帽，拉起和放松几次，检查指针所指的零位有无变化。当指针的零位稳定后，再开始找正零件的位置，如图3-1-28所示。

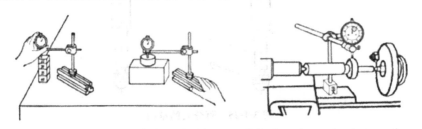

图 3-1-28　百分表找正工件

4）百分表使用时的注意事项

（1）使用前,应检查测量杆活动的灵活性。即轻轻推动测量杆时,测量杆在套筒内的移动要灵活,没有发卡现象,每次手松开后,指针能回到原来的刻度位置。

（2）使用百分表时,必须把它固定在可靠的夹持架上（如固定在万能表架或磁性表座上）,如图 3-1-29 所示。夹持架要安放平稳,以免使测量结果不准确或摔坏百分表。用夹持百分表的套筒来固定百分表时,夹紧力不要过大,以免因套筒变形而使测量杆活动不灵活。

（3）测量时,不要使测量杆的行程超过它的测量范围,不要使表头突然撞到工件上,也不要用百分表测量表面粗糙或表面有显著凹凸不平的工件。

（4）测量平面时,百分表的测量杆要与平面垂直,测量圆柱形工件时,测量杆要与工件的中心线垂直,否则,将使测量杆活动不灵或测量结果不准确。

（5）为方便读数,在测量前一般都让大指针指向刻度盘的零位。

（6）百分表不用时,应使测量杆处于自由状态,以免使表内弹簧失效。

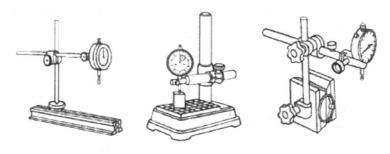

图 3-1-29　百分表装夹

7. 塞尺

塞尺又称厚薄规或间隙片,主要用来检验机械零件配合面及模具工作零件之间的间隙。塞尺是由一组厚度不同的薄钢片重叠,并将一端松铆而成,如图 3-1-30 所示。每把塞尺中的每片都具有两个平行的测量平面,且均标注了厚度,以供测量时组合使用。

图 3-1-31 所示为塞尺检测模具间隙的示意图。检测时先将凸模和凹模表面清理干净,确保模具工作表面无油污和杂质。当模具间隙较小时,根据目测间隙大小选择适当规格的塞尺逐个塞入。如:用 0.03 mm 塞尺能塞入,而用 0.04 mm 塞尺不能塞入,这说明所测量的间隙值在 0.03 mm 与 0.04 mm 之间。当模具间隙较大时,单片塞尺已无法满足测量要求,可以使用多片叠加在一起插入间隙中,然后将所叠加塞入的塞尺厚度值累加即可。

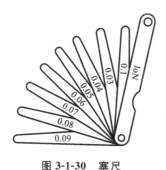

图 3-1-30　塞尺

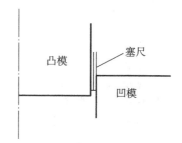

图 3-1-31　塞尺检测模具间隙

在使用塞尺检验结合面间隙时,应根据间隙情况,尽可能选用少的片数,避免产生较大的累积误差;测量时不能用太大力将塞尺强行插入间隙,以免塞尺受力弯曲或折断。

8. 刀口尺

刀口尺也称作刀口直尺、刀口平尺等,如图 3-1-32 所示。其精度一般都比较高,直线度误差一般控制在 $1\ \mu m$ 左右。主要用于以光隙法进行直线度和平面度测量,也可以与量块一起用于检验平面精度。刀口尺具有结构简单、操作方便、测量效率高等特点。

用刀口尺通过光隙法对工件表面进行平面度测量如图 3-1-33 所示。将刀口尺垂直紧靠在工件表面,并在纵向、横向和对角线方向逐次检查。检验时,如果刀口尺与工件平面透光微弱而均匀,则该工件平面度合格;如果进光强弱不一,则说明该工件平面凹凸不平。可在刀口尺与工件紧靠处用塞尺插入,根据塞尺的厚度即可确定平面度的误差。

用刀口尺检验时,被检验表面不能太粗糙。否则不但容易造成刀口尺测量面的磨损,而且不容易准确判定光隙的大小。当测量面变化时,应该将刀口尺轻轻提起并轻放到另一个测量面上,切不可将刀口尺从被检验平面上拖着走,否则会加速刀口尺测量面的磨损。在选用刀口尺时,应使其长度大于或等于被检验截面的长度。

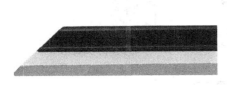

图 3-1-32　刀口尺

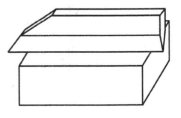

图 3-1-33　平面度测量

9. 刀口角尺

刀口角尺如图 3-1-34 所示。主要用于工件垂直度的检测和作为工件划平行线或垂直线的导向工具。图 3-1-35 所示为用刀口角尺检测工件垂直度示意图,检测时将工件放置在平板上,刀口角尺的短边置于平板上,长边靠在被测平面上,用塞尺测量长边与被测平面之间的最大间隙 a,移动刀口角尺,在不同的位置上重复测量,取测得的最大 a 值作为被测平面的垂直度误差值。

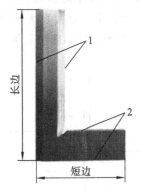

图 3-1-34　刀口角尺
1—刀口测量面;2—基面

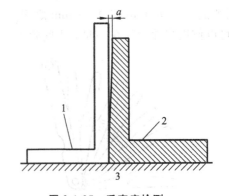

图 3-1-35　垂直度检测
1—刀口角尺;2—工件;3—平板

10. 钢直尺

如图 3-1-36 所示的钢直尺是最简单的长度量具,主要用于测量零件的长度尺寸。它有 150 mm、300 mm、500 mm 和 1000 mm 四种长度规格。

由于钢直尺的刻线间距为 1 mm,小于 1 mm 的读数只能估读,故用钢直尺测量出的长度尺寸不太精确。特别是用钢直尺去测量零件的直径尺寸(轴径或孔径)时,其测量精度更差。这是因为除了钢直尺本身的读数误差比较大以外,还由于钢直尺无法正好放在零件直径的正确位置造成的。

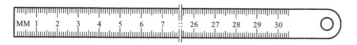

图 3-1-36 钢直尺

11. 半径规

半径规也叫 R 样板,如图 3-1-37 所示,是利用光隙法测量圆弧半径的工具。测量时必须使半径规的测量面与工件的圆弧完全接触,当测量面与工件的圆弧中间没有间隙时,此时半径规上所表示的数字即为工件的圆弧半径,如图 3-1-38 所示。采用半径规测量时,由于是目测,故测量精度不是很高,只能作定性测量。

图 3-1-37 半径规

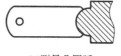
(a)测量凸圆弧

(b)测量凹圆弧

图 3-1-38 半径规的使用

12. 表面粗糙度比较样块

表面粗糙度比较样块如图 3-1-39 所示,主要是用来通过比较法检查机械零件加工表面粗糙度的一种工作量具。检测时,通过目测或采用放大镜与被测加工件进行比较,从而判断零件表面粗糙的级别。

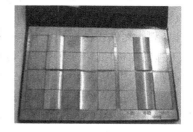

图 3-1-39 表面粗糙度比较样块

表面粗糙度比较样块可分为七组样块(车床、刨床、立铣、平铣、平磨、外磨、研磨)、六组样块(车床、立铣、平铣、平磨、外磨、研磨)、笔记本样块(车床、立铣、平铣、平磨、外磨、研磨)和单组形式(车床样块、刨床样块、立铣样块、平铣样块、平磨样块、外磨样块、研磨样块)四种。

(二)模具零件的测绘

组成冲模的零件有标准件和非标准件之分,对于一般标准零件如螺钉、销钉、导柱、导套等,只要根据测量出的规格尺寸,查阅相关标准即可;对于上、下模座除通过测量查出其标准外,还需对其上的安装孔、漏料孔等形状和位置尺寸进行测绘。

在对冲模零件进行测绘时,应注意零件的测绘顺序。测绘时应先测绘工作零件中的基准件,如测绘落料模时,应先测绘凹模;测绘冲孔模时,应先测绘凸模。再根据产品尺寸计算和圆整基准件工作部分的尺寸。对于工作零件上的非工作部分尺寸和其他非工作零件尺寸一般用 0.5 的倍数对测量尺寸进行圆整,如测量出的尺寸为 42.24 mm、42.35 mm、42.83 mm,可分别圆整为 42 mm、42.5 mm、43 mm。有配合要求部分的尺寸,除对测量出来的配合部分基本尺寸进行圆整外,其配合公差应按相关配合要求选用,如凸模与固定板的配合按 H7/m6 或 H7/n6 的过渡配合选用。

现以图 1-1-3 所示的方形垫片落料冲孔复合冲裁模为例来说明冲模的测绘步骤和方法。

1. 工作零件测绘

由于冲模工件零件直接决定产品的形状和尺寸,因而在测量工作部分尺寸时,要根据产品尺寸对测量出的数值加以计算修正。

与单工序冲裁模相比,复合冲裁模工作零件除了凸模、凹模外,还有一个外形作为落料凸模、内孔作为冲孔凹模的凸凹模。在采用配作法加工时,其凸模和凹模均为基准件,凸凹模为配作件。因而凸模和凹模可单独进行测绘,对于凸模和凹模刃口部分尺寸,在测量后,应按产品尺寸对测量出的尺寸进行计算后修正。凸凹模刃口尺寸则按凸模和凹模刃口的实际尺寸辅以间隙值即可。

1) 凸模测绘(零件编号参照图 1-1-3)

凸模是用来成型制品、制件内孔或内表面形状和尺寸的工作零件。其工作部分的形状和尺寸应与成型的产品相适应,安装部分的结构则根据模具的具体结构而定。

图 3-1-40 所示为方形垫片复合冲裁模凸模 21 的三维效果图,该凸模为直通式结构(凸模工作部分与安装固定部分的形状和尺寸一致,适合线切割加工),通过内六角螺钉 17 与上垫板 12 连接,防止在冲裁过程中卸料力将凸模拔出。根据现场提供的凸模实物,先徒手绘制如图 3-1-41 所示凸模零件草图。再根据实物选用合适的测量工具(该凸模测量时需用到游标卡尺、半径规、表面粗糙度比较样块等)进行测量,然后将对凸模实物测量出的数据标注在草图上,如图 3-1-42 所示。在此基础上,根据产品零件图上的尺寸,对测量出的刃口尺寸进行计算修正,如产品图中标注的两端圆弧中心距离 20 mm,因该尺寸在测量时难以直接测出,只能先间接测量出凸模外形尺寸 30 mm 和两端圆弧尺寸 R5,再通过尺寸换算进行零件工程图的标注。根据冲裁模具工作零件刃口尺寸的计算原则,计算出换算后的两端圆弧中心距离为 $20 \text{ mm} \pm 0.07 \text{ mm}$,圆弧半径 R5 的尺寸为 $R5.15^{0}_{-0.07} \text{ mm}$。其他测量出的非刃口尺寸则按前述方式进行圆整。对于盲孔螺纹中的螺纹长度和底孔深度尺寸,由于不便测量或测量出来的尺寸不准,此时可根据模具设计中螺纹的旋入长度来加以修正。在模具设计和制造过程中,为方便模具拆装,螺纹旋入长度一般为螺纹公称尺寸的 1.5～2 倍,因而螺纹孔中螺纹的长度一般可取螺纹公称直径的 2～2.5 倍,螺纹底孔深度可取螺纹公称直径的 2.7～3.2 倍。对于该凸模中 M6 的螺纹孔,其螺纹长度可修正为 12～15 mm,取螺纹长度为 15 mm;螺纹底孔深度可修正为 16.2～19.2 mm,取螺纹底孔深度为 18 mm。

冲模工作零件表面粗糙度数值应根据表面粗糙度比较样块与实物表面比较结果和模具的使用要求来修正,一般工作部分的表面粗糙度值为 $Ra0.2～0.8 \mu m$,配合部分为 $Ra1.6～0.8 \mu m$,其他部分为 $Ra12.5～3.2 \mu m$。

冲模工作零件的材料和热处理后的硬度参照表 1-1-2 选取。

根据上述所述,对标注测量尺寸的草图进行修正圆整,并在图上标注形位公差和表面粗糙度值,注明技术要求,附上标准图框得到如图 3-1-43 所示的凸模零件图。

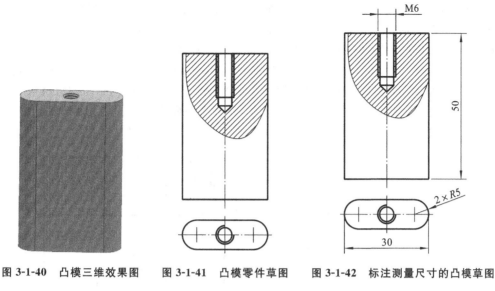

图 3-1-40　凸模三维效果图　　图 3-1-41　凸模零件草图　　图 3-1-42　标注测量尺寸的凸模草图

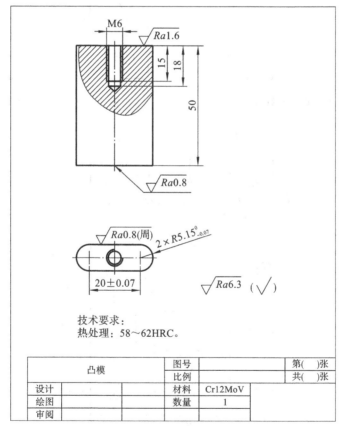

图 3-1-43　凸模零件图

2）凹模测绘（零件编号参照图 1-1-3）

凹模是用来成型制品、制件外形或外表面形状和尺寸的工作零件。图 3-1-44 所示为方形垫片复合冲裁模凹模 22 的三维效果图，根据现场提供的凹模实物，先徒手绘制如图 3-1-45

所示凹模零件草图,再选用合适的量具测量其形状和位置尺寸,并将测量出的非配合尺寸圆整,标注于草图上,如图 3-1-46 所示。然后根据产品图,计算并修正凹模刃口尺寸。根据冲模刃口尺寸的计算原则,凹模刃口中 45 mm 的尺寸计算修正为 $44.69^{+0.15}_{0}$ mm,25 mm 的尺寸修正为 $24.74^{+0.13}_{0}$ mm、$R5$ 的尺寸修正为 $R4.86^{0}_{-0.07}$ mm,模具中销钉与销钉孔常采用 H7/m6 的过渡配合,故 $\phi10$ mm 销钉孔的尺寸修正为 $\phi10^{+0.015}_{0}$ mm,内六角螺钉沉头孔和过孔尺寸根据内六角螺钉规格按 GB/T 152.3—1988《紧固件 圆柱头用沉孔》选取。材料、热处理及表面粗糙度要求如凸模测绘中所述,因此,修正后的凹模零件图如图 3-1-47 所示。

图 3-1-44 凹模三维效果图

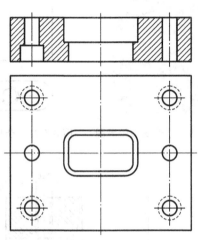

图 3-1-45 凹模零件草图

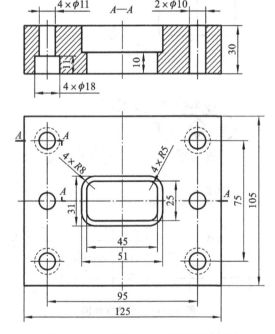

图 3-1-46 标注测量尺寸的凹模草图

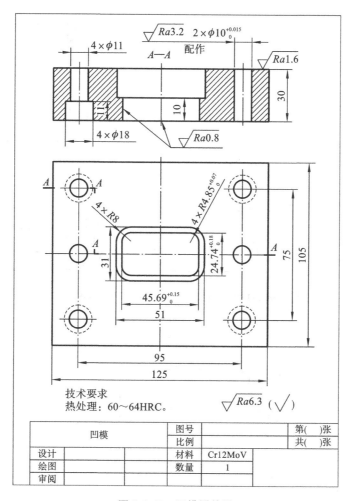

图 3-1-47　凹模零件图

3）凸凹模测绘（零件编号参照图 1-1-3）

在冲压复合模中，凸凹模是指同时具有凸模和凹模作用的工作零件，即其外形用来成型冲压件内孔或内表面，内孔用来成型冲压件外形或外表面。图 3-1-48 所示为方形垫片复合冲裁模凸凹模 26 的三维效果图，根据现场提供的凸凹模实物，绘制出如图 3-1-49 所示的凸凹模零件草图。再将测量出来的尺寸标注在草图上，得到如图 3-1-50 所示的标注测量尺寸的凸凹模草图。

该模的工作零件采用配作加工，凸凹模作为配作件，其刃口尺寸是根据凸模和凹模加工后的实际尺寸和模具间隙进行配作加工的。在进行刃口尺寸标注时，按冲模配作加工时的尺寸标注原则，只要将测量出来的尺寸修正成基准件的基本尺寸即可，并在技术要求中注明"外形尺寸按凹模刃口的实际尺寸配作，保证间隙××，内孔尺寸按凸模实际尺寸配作，保证间隙××"。根据上述所述，将草图中圆弧两端的 30 mm 尺寸修正为圆弧中心距离 20 mm，$2 \times R5$ mm 修正为 $2 \times R5.15$ mm，45 mm 修正为 44.69 mm，25 mm 修正为 24.74 mm，$4 \times R5$ mm 修正为 $4 \times R4.85$ mm，在零件图中只标注上述修正后的基本尺寸，再将由产品材料和厚度确定的模具双边间隙查出，并在技术要求中注明即可，其他要求按凸模测绘中所述标注，由此得到如图 3-1-51 所示的凸凹模零件图。

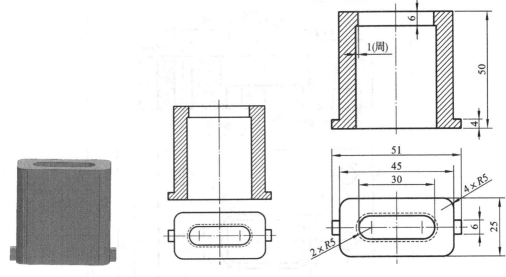

图 3-1-48　凸凹模三维效果图　　图 3-1-49　凸凹模零件草图　　图 3-1-50　标注测量尺寸的凸凹模草图

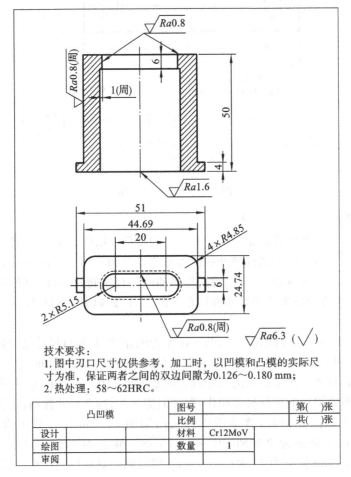

技术要求：
1. 图中刃口尺寸仅供参考，加工时，以凹模和凸模的实际尺寸为准，保证两者之间的双边间隙为0.126～0.180 mm；
2. 热处理：58～62HRC。

凸凹模			图号		第( )张	
			比例		共( )张	
设计			材料	Cr12MoV		
绘图			数量	1		
审阅						

图 3-1-51　凸凹模零件图

2. 其他零件测绘

其他零件对产品的形状和尺寸不产生直接关联,其作用是确保模具的正常工作,因而在测绘过程中,除对相关的配合尺寸要加以修正外,其他尺寸只要能保证其功能,并与其他零件在装配连接中不发生干涉即可。

1) 凸凹模固定板测绘(零件编号参照图 1-1-3)

凸凹模固定板的主要作用是用来安装和固定凸凹模,使凸凹模在模具中具有正确的位置。根据冲模的结构特点,固定板外形形状及长、宽尺寸与凹模一致,只是厚度与凹模不同,因此测绘时,其形状和长、宽尺寸参照凹模,上面用来固定凸凹模孔的尺寸与凸凹模的相关尺寸采用 H7/m6 的过渡配合。

图 3-1-52 所示为凸凹模固定板 6 的三维效果图,根据现场提供的实物,先绘制如图 3-1-53所示的零件草图。

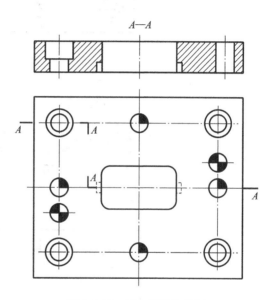

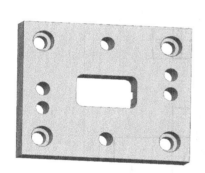

图 3-1-52　固定板三维效果图

图 3-1-53　固定板零件草图

选用合适的测量工具,将测量出的尺寸进行圆整并标注在固定板草图上,如图 3-1-54所示。

固定板用材料一般选用 45 钢、40Cr、Q235A,不需进行热处理,只需对材料表面作防锈处理即可,中间固定凸凹模孔的尺寸按凸凹模加工后的实际尺寸修正,保证两者成 H7/m6配合,在图上只需标注修正后的基本尺寸。销钉孔与下模座采用配作方式加工,它们之间的配合为 H7/m6,为保证装配后凸凹模的上、下平面与固定板的垂直度,上、下平面需采用互为基准的方式进行磨削加工,使两面的平行度公差不超过 0.02 mm。内六角螺钉沉头孔和过孔尺寸根据内六角螺钉规格按 GB/T 152.3—1988《紧固件 圆柱头用沉孔》选取。图 3-1-55所示为结合修正后的尺寸和技术要求形成的固定板零件图。

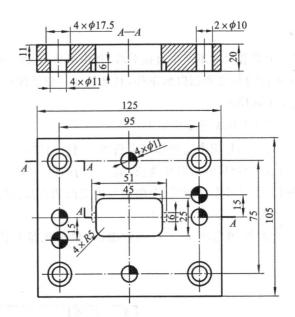

图 3-1-54　标注测量尺寸的固定板草图

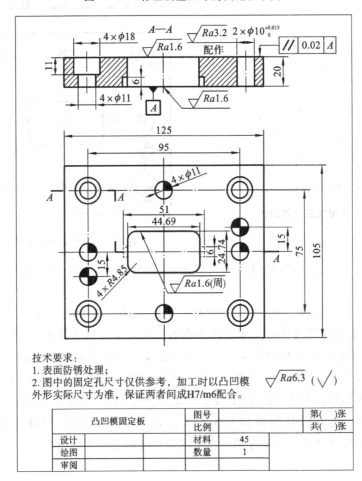

技术要求:
1. 表面防锈处理;
2. 图中的固定孔尺寸仅供参考, 加工时以凸凹模外形实际尺寸为准, 保证两者间成H7/m6配合。

$\sqrt{Ra6.3}$ ($\sqrt{}$)

凸凹模固定板			图号		第( )张	
			比例		共( )张	
设计			材料	45		
绘图			数量	1		
审阅						

图 3-1-55　固定板零件图

2）下垫板测绘（零件编号参照图 1-1-3）

下垫板在模具中的主要作用是承受和分散凸凹模传递下来的冲压负荷,防止下模座因承受的压力超过其材料允许的抗压强度而损坏。

图 3-1-56 所示是方形垫片复合冲裁模下垫板 5 的三维效果图,根据该垫板实物,先绘制如图 3-1-57 所示的零件草图。并将测量后的尺寸标注于草图上,如图 3-1-58 所示。

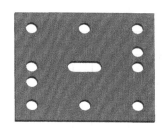

图 3-1-56　下垫板三维效果图

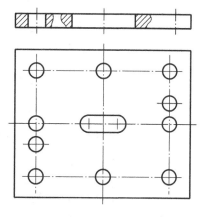

图 3-1-57　下垫板零件草图

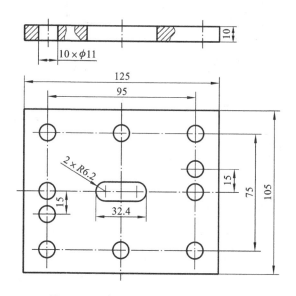

图 3-1-58　标注测量尺寸的下垫板草图

同固定板一样,垫板外形和长、宽尺寸与凹模一致,上、下两面应平行,其平行度误差不超过 0.02 mm,螺钉和销钉过孔的位置同固定板,中间漏料孔的大小要能保证废料或产品顺利脱模,不允许废料或产品在脱模过程中出现发卡现象。

垫板材料一般选用 45 钢或 40Cr,热处理方式为淬火或调质,热处理后的硬度为 43～48HRC。但对于一些精密或级进模具,垫板材料也可选用 T10A、Cr12,热处理后的硬度为50～54HRC。

该模具垫板在测量时,因漏料孔两端圆弧中心的距离不便直接测量,因而可通过间接测量出圆弧两顶端距离和圆弧半径后,再将尺寸换算成中心距离。

通过上述对尺寸的测量、修正和换算,再辅以技术要求形成图 3-1-59 所示的下垫板零件图。

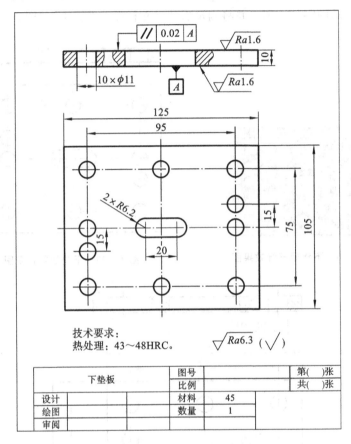

图 3-1-59　下垫板零件图

3）卸料板测绘（零件编号参照图 1-1-3）

冲模中卸料板的作用是将冲压完成后包紧在凸模或凸凹模上的条料、产品或废料从凸模或凸凹模上推出。本模具采用的是弹压式卸料板,这种卸料板不仅具备卸料作用,还能起到压料作用,使得冲裁出的零件质量较好,平直度较高。在冲裁模的卸料板上往往设置有控制条料送料方向和步距的定位销和挡料销。

图 3-1-60 所示为卸料板 7 的三维效果图,根据现场提供的卸料板的实物,绘制出如图 3-1-61 所示的零件草图。

同固定板和垫板一样,卸料板的外形及外形中的长、宽尺寸与凹模一致,只是厚度尺寸不同,因而在测量后,应将测量出的长、宽尺寸参照凹模修正,卸料板上螺纹孔的位置尺寸应参照凸凹模固定板上卸料螺钉过孔的尺寸修正。定位销和挡料销安装孔的位置尺寸应参考定位销和挡料销头部的尺寸,按保证条料送进时所需的搭边值和步距修正,然后将修正后的测量尺寸标注于草图上,得到如图 3-1-62 所示的标注测量尺寸的草图。

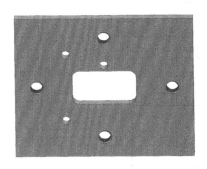

图 3-1-60　卸料板三维效果图

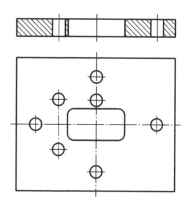

图 3-1-61　卸料板零件草图

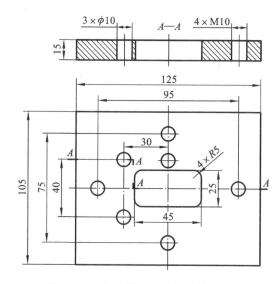

图 3-1-62　标注测量尺寸的卸料板草图

卸料板中间孔的测量尺寸应根据凸模或凸凹模工作部分的外形尺寸修正,其与凸模或凸凹模的间隙参照表 3-1-1 选用,间隙的大小在技术要求中注明即可。

表 3-1-1　弹压卸料板与凸模(凸凹模)间隙

材料厚度	<0.5 mm	0.5~1 mm	>1 mm
单边间隙	0.05 mm	0.1 mm	0.15 mm

卸料板材料一般选用 45 钢或 40Cr,热处理方式为淬火或调质,为保证送料顺利,上、下两面的粗糙度值应不超过 $Ra1.6~\mu m$。由此得到如图 3-1-63 所示的卸料板零件图。

4)凸模固定板测绘(零件编号参照图 1-1-3)

凸模固定板的主要作用是用来安装和固定凸模。图 3-1-64 所示为凸模固定板 18 的三维效果图,根据现场提供的凸模固定板实物,绘制如图 3-1-65 所示的凸模固定板零件草图。

在对凸模固定板测量出来的尺寸进行修正的过程中,固定板外形尺寸中的长、宽尺寸及螺钉过孔和销钉孔的位置尺寸应参照凹模,将修正后的测量尺寸标注于草图,形成如图 3-1-66 所示的标注测量尺寸的凸模固定板草图。

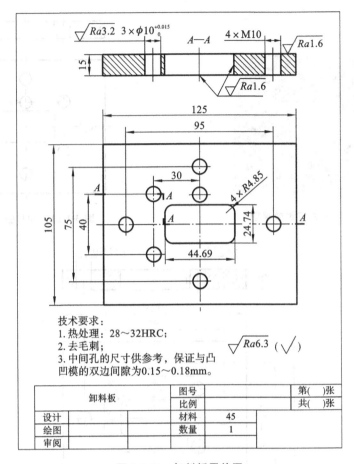

技术要求：
1. 热处理：28~32HRC；
2. 去毛刺；
3. 中间孔的尺寸供参考，保证与凸凹模的双边间隙为0.15~0.18mm。

$\sqrt{Ra6.3}$ ($\sqrt{}$)

卸料板	图号		第( )张
	比例		共( )张
设计	材料	45	
绘图	数量	1	
审阅			

图 3-1-63 卸料板零件图

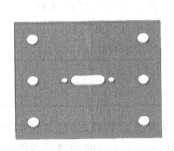

图 3-1-64 凸模固定板三维效果图

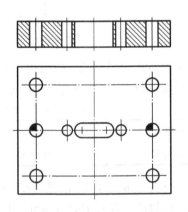

图 3-1-65 凸模固定板零件草图

　　在绘制本凸模固定板零件图过程中，还需对测量出的固定凸模孔的两端圆弧中心距离尺寸和圆弧尺寸进行修正，其修正应参照凸模外形尺寸，在零件图上只需标注其修正后的基本尺寸，凸模与固定板所采用 H7/m6 的过渡配合在技术要求中说明。

　　凸模固定板的材料及其他技术要求同凸凹模固定板 6，由此得到如图 3-1-67 所示的凸模固定板零件图。

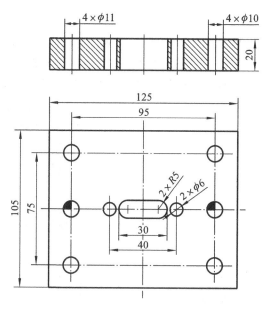

图 3-1-66 标注测量尺寸的凸模固定板草图

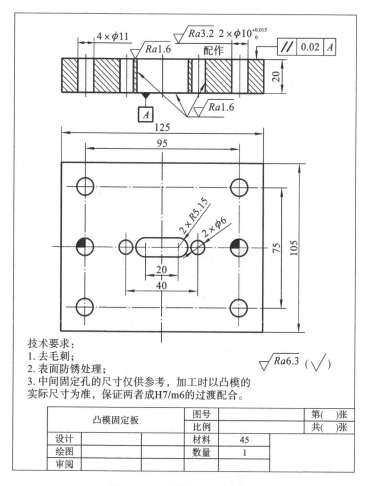

技术要求：
1. 去毛刺；
2. 表面防锈处理；
3. 中间固定孔的尺寸仅供参考，加工时以凸模的
实际尺寸为准，保证两者成H7/m6的过渡配合。

凸模固定板		图号		第( )张
		比例		共( )张
设计		材料	45	
绘图		数量	1	
审阅				

图 3-1-67 凸模固定板零件图

5）上垫板测绘（零件编号参照图 1-1-3）

上垫板 12 的测绘与下垫板 5 类似，图 3-1-68 所示为上垫板三维效果图，根据现场提供的垫板实物，绘制出如图 3-1-69 所示的零件草图，然后通过对测量出的尺寸参照凸模固定板进行修正，再结合垫板的材料和技术要求得到如图 3-1-70 所示的上垫板零件图。

图 3-1-68　上垫板三维效果图

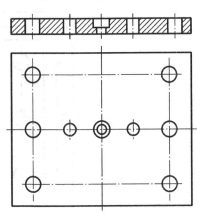

图 3-1-69　上垫板零件草图

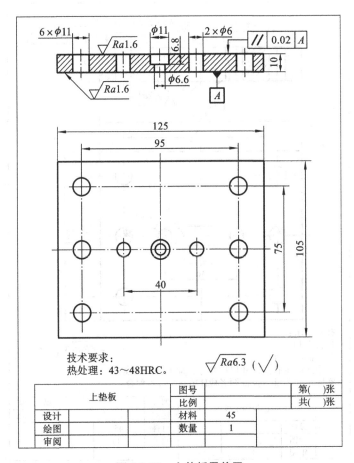

图 3-1-70　上垫板零件图

6) 推件块测绘(零件编号参照图 1-1-3)

推件块的作用是将卡在凹模洞口中的产品或废料从凹模洞口中推出,推件块在模具工作过程中要保持运动灵活,因而它与凹模和凸模的配合应保证能顺利滑动,不发生干涉。为保证产品或废料能顺利从凹模洞口中推出,其端面应露出凹模工作端面 0.3～0.5 mm。

图 3-1-71 所示为推件块 8 的三维效果图,根据现场提供的推件块实物,绘制出如图 3-1-72 所示的零件草图。将测量出的尺寸按照凹模和凸模实际刃口尺寸进行修正,以保证推件块外形和内孔与凹模洞口及凸模外形均有间隙,且在凹模内要有足够的活动空间,确保推件块在冲压过程中运动自如。

图 3-1-71　推件块三维效果图

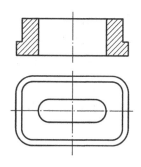

图 3-1-72　推件块零件草图

推件块材料一般选用 45 钢或 40Cr,热处理方式为淬火或调质,热处理后的硬度为 43～48HRC。图 3-1-73 所示为推件块零件图。

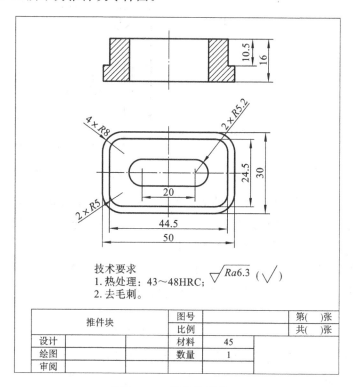

技术要求
1. 热处理:43～48HRC;
2. 去毛刺。

$\sqrt{Ra6.3}$ $(\sqrt{\ })$

推件块			图号		第( )张	
			比例		共( )张	
设计			材料	45		
绘图			数量	1		
审阅						

图 3-1-73　推件块零件图

7）下模座测绘（零件编号参照图 1-1-3）

冲模模架是用来固定冲模中所有零件,使其成为一个整体,并保证模具工作时各零件的相对位置的组合体,主要由上、下模座和导柱、导套组成。冲模模架目前已标准化,在冲模设计时,只需根据凹模的周界尺寸及模具的闭合高度选用标准中合适的模架即可。

在冲模测绘时,可根据模具的闭合高度和上模座或下模座的外形尺寸即可查出模座的标准,再根据模架标准查出上、下模座及导柱、导套标准。按照上、下模座标准可绘制出它们的外形图及标注相关的外形尺寸。对于模座上的安装孔、漏料孔及其他需加工部分的形状和尺寸则需经测量后圆整、修正。

模座主要用于安装、固定与支承模具零部件,使这些零部件组合为一整体。图 3-1-74 所示为下模座 1 的三维效果图,根据拆卸前测量出的模具闭合高度和现场提供的下模座实物,通过对下模座外形尺寸的测量,对照冲模模架标准,查出该冲模的模架标准型号(可参考 GB/T 2851—2008)。下模座标准型号可参考 GB/T 2855.2—2008。

根据下模座实物,并参照下模座标准,绘制如图 3-1-75 所示的下模座零件草图。

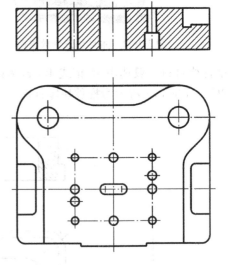

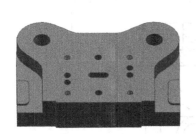

图 3-1-74　下模座三维效果图　　　　图 3-1-75　下模座零件草图

下模座的外形尺寸及导柱安装孔的形位尺寸均可参照标准提供的数值标注,至于标准中有些地方未提供确定的数值,如图 3-1-76 所示的下模座两边台阶形状尺寸 60、$R5$ 及外形转角处的 $R10$ 等,可按测量后圆整的数值标注。

下模座中紧固螺钉、销钉和卸料螺钉安装孔、漏料孔的位置尺寸参照凸凹模固定板 6,各孔的形状尺寸需经测量后进行圆整,在圆整修正时,应参考螺钉和销钉的型号规格。

下模座材料为 HT200,毛坯为铸造件,毛坯铸造后需对表面进行清砂处理,在机械加工前,需进行时效处理,以消除铸造时的内应力和细化内部组织。

参照下模座标准并经测量修正后的下模座零件图如图 3-1-77 所示。

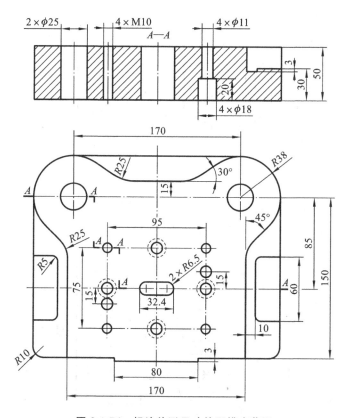

图 3-1-76　标注外形尺寸的下模座草图

8）上模座测绘（零件编号参照图 1-1-3）

上模座主要用来将组成模具的上模零件连接固定，使其成为一整体。图 1-1-3 所示模具上模座 10 的三维效果图如图 3-1-78 所示，其测绘方法与下模座相同，也是根据现场提供的实物，并参照模架型号，查出其标准型号，然后通过查阅标准和实物测量，绘制出如图 3-1-79 所示的上模座零件草图。

在此基础上，选择合适的测量工具，将测量出的外形尺寸及导套安装孔的形状和位置尺寸按照标准修正，螺钉 M10 安装孔和销钉 $\phi10$ 安装孔的位置尺寸根据凹模修正，保证其位置尺寸一致。模柄安装孔及连接螺纹孔的形、位尺寸参照模柄修正。推板活动孔的尺寸要保证推板运动灵活，并有足够的活动空间，确保产品卸料顺利。

上模座材料及技术要求同下模座。其材料采用灰口铸铁 HT200，经清砂和时效或退火处理后再进行上、下平面的机械加工及导套安装孔的加工，保证上、下面的平行度公差不超过 0.02 mm。

经草图绘制和将测量后圆整、修正的尺寸标注在上模座上，形成如图 3-1-80 所示的上模座零件图。

9）模柄测绘（零件编号参照图 1-1-3）

模柄主要用来使模具与压力机的中心线重合，以便确定模具在压力机上的位置，并将上模与压力机滑块连接固定，因而其连接部分的尺寸要与压力机滑块上模柄安装孔的尺寸相符合。

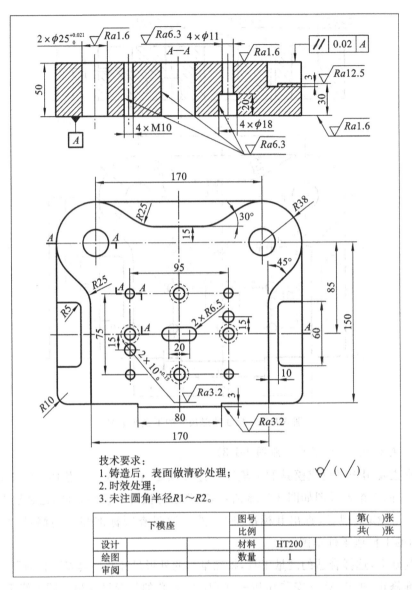

图 3-1-77　下模座零件图

图 3-1-78　上模座三维效果图

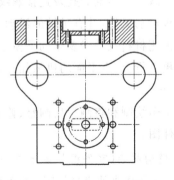

图 3-1-79　上模座零件草图

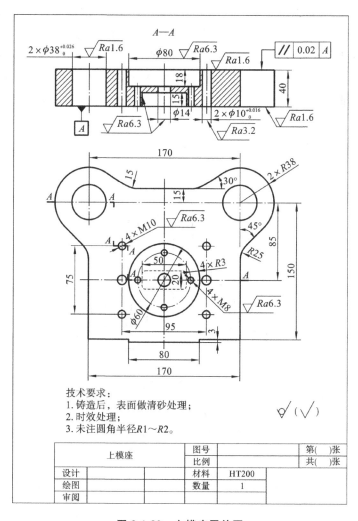

图 3-1-80 上模座零件图

模柄目前行业已标准化,但许多企业仍沿用其企业标准。

图 3-1-81 所示为模柄 13 的三维效果图,根据现场提供的模柄实物,绘制出如图 3-1-82 所示的模柄零件草图。

图 3-1-81 模柄三维效果图

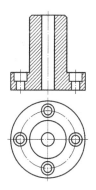

图 3-1-82 模柄零件草图

通过测量可知,该模柄没有采用行业标准,属于非标件。对于测量出来的模柄数据除了需要圆整外,还要根据查阅到的相关冲压设备滑块上模柄安装孔尺寸并结合上模座模柄安装孔及螺钉固定孔尺寸加以修正。如本模具中模柄与压力机滑块上模座模柄安装孔连接部分的尺寸经测量为$\phi40 \times 60$,由此尺寸可查出该模具所使用的设备为J23-25,然后参照该类设备上所用的标准模柄修正其连接部分尺寸。模柄材料常用 Q235 或 45 钢,表面做防锈处理。

综上所述,得到如图 3-1-83 所示的模柄零件图。

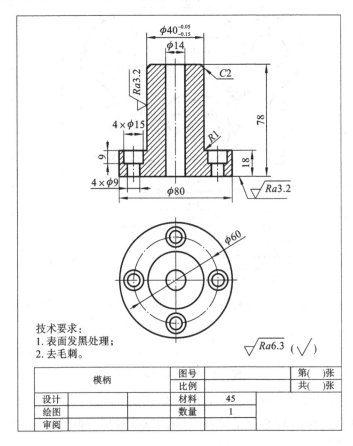

图 3-1-83 模柄零件图

10)导柱、导套测绘(零件编号参照图 1-1-3)

导柱、导套目前已标准化,可根据模架型号查出其标准代号,然后根据标准代号所对应的形状和尺寸绘制出如图 3-1-84 所示的导柱 4 零件图和如图 3-1-85 所示的导套 9 零件图。在标准件上有些未确定的尺寸,要根据实物测量并圆整后确定并标注。

(三)装配图绘制

模具装配图是将组成模具的所有零件按照规定的画法,体现各零件在模具中的相对位置和配合关系的图样。

模具装配图是了解模具结构、工作原理的基本技术资料,也是模具制造、装配、使用和维

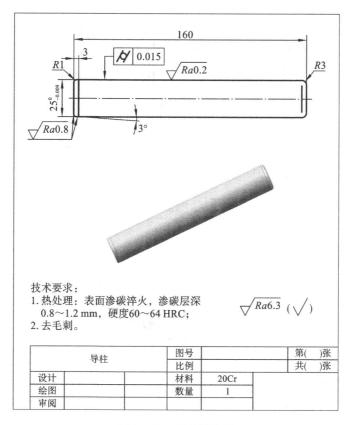

技术要求：
1. 热处理：表面渗碳淬火，渗碳层深
　0.8～1.2 mm，硬度60～64 HRC；
2. 去毛刺。

$\sqrt{Ra6.3}$ $(\sqrt{\ })$

导柱			图号		第( )张	
			比例		共( )张	
设计			材料	20Cr		
绘图			数量	1		
审阅						

图 3-1-84　导柱零件图

修的重要技术文件。

1. 模具装配图绘制要求

（1）模具装配图中各个零件（或部件）不能遗漏，不论哪个模具零件，装配图中均应有所表达。

（2）模具装配图中各个零件位置及与其他零件间的装配关系应明确。在模具装配图中，除了要有足够的说明模具结构的投影图、必要的剖视图、断面图、技术要求、标题栏和填写各个零件的明细栏外，还应有其他特殊的表达要求。

（3）模具装配图的绘制须符合国家制图标准，包括总装图的布图及比例，图中图纸幅面和格式等。但考虑到模具图的特点，允许采用模具设计中的习惯或特殊规定的制图方法作图。

一般冲裁模具装配图中包括主视图、俯视图、产品图、排样图、技术要求、标题栏、明细表等内容，各个图形在装配图中的位置布置也有一定要求，如图 3-1-86 所示。

2. 主视图

主视图是模具装配图的主体部分，一般应画上、下模的剖视图（阶梯剖或旋转剖），尽量使每一类模具零件都反映在主视图中。按先里后外、由上而下，即按产品零件图、凸模、凹模的顺序绘制，零件太多无法全部画出时允许在主视图中只画出零件的一半，其投影可在左视

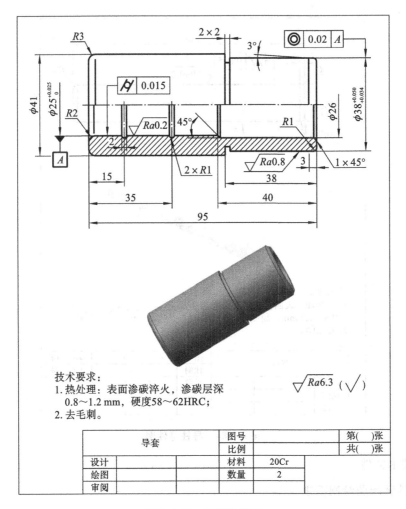

技术要求:
1. 热处理:表面渗碳淬火,渗碳层深
   0.8~1.2 mm,硬度58~62HRC;
2. 去毛刺。

$\sqrt{Ra6.3}$ ($\sqrt{}$)

导套		图号		第( )张	
		比例		共( )张	
设计		材料	20Cr		
绘图		数量	2		
审阅					

图 3-1-85　导套零件图

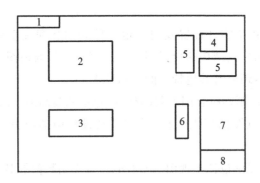

图 3-1-86　冲模装配图的内容和布置方法

1—档案编号处;2—主视图;3—俯视图;4—产品图;5—排样图;6—技术要求;7—明细表;8—标题栏

图或俯视图中画出,如图 1-1-3 所示方形垫片复合模中的内六角螺钉 2 和圆柱销 3。上、下模一般画成闭合状态(工作状态),以便直接反映模具的结构和工作原理。在主视图中,当零件厚度小于 2 mm 时,毛坯、废料和零件的剖切面最好涂黑,以便图面更加清晰。图 1-1-3 所示方形垫片复合模的主视图如图 3-1-87 所示。

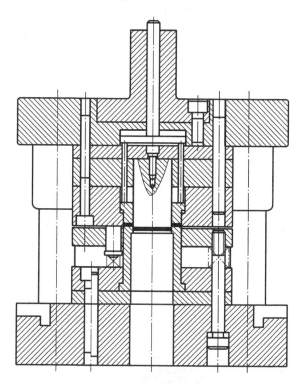

图 3-1-87 冲模装配图的主视图

主视图的画法要求具体如下。

(1)在画主视图前,应先估算整个主视图大致的长与宽,然后选用合适的比例作图。主视图画好后其四周一般与其他视图或外框线之间应保持 50~60 mm 的空白。

(2)主视图上应尽可能将模具的所有零件画出,可采用全剖视图、半剖视图、局部视图或旋转剖视图。若有局部无法表达清楚的,可以增加其他视图。

(3)在剖视图中剖切到圆凸模、导柱、顶件块、螺栓(螺钉)和销钉等实心旋转体零件时,其剖面不画剖面线;有时为了图面结构清晰,非旋转体的凸模也可不画剖面线。

(4)绘制的模具一般应处于闭合状态,或接近闭合状态,也可以一半处于闭合状态,另一半处于非闭合状态。

(5)两相邻零件的接触面或配合面,只画一条轮廓线;相邻两个零件的非接触面或非配合面(基本尺寸不同),不论间隙大小,都应画两条轮廓线,以表示存在间隙。相邻零件被剖切时,剖面线倾斜方向应相反;几个相邻零件被剖切时,可用剖面线的间隔(密度)、倾斜方向不同或错开等方法加以区别。但在同一张图样上同一个零件在不同的视图中的剖面线方向、间隔应相同。

(6)冲模装配图上零件的部分工艺结构,如倒角、圆角、退刀槽、凹坑、凸台、滚花、刻线及其他细节可不画出。螺栓、螺母、销钉等因倒角而产生的线段允许省略。对于相同零部件组,如螺栓、螺钉、销的连接,允许只画出一处或几处,其余则以点画线表示中心位置即可。

(7)模具装配图上零件断面厚度小于 2 mm 时,允许用涂黑代替剖面线,如模具中的垫圈、冲压钣金零件及毛坯等。

（8）装配图上弹簧的画法如下：被弹簧挡住的结构不必画出，可见部分轮廓只需画出弹簧丝断面中心或弹簧外径轮廓线，如图 3-1-88（a）所示。弹簧直径在图形上小于或等于 2 mm的断面可用示意图画出，也可以涂黑，如图 3-1-88（b）、（c）所示。弹簧也可以用简化画法，即双点画线表示外形轮廓，中间用交叉的双点画线表示，如图 3-1-88（d）所示。

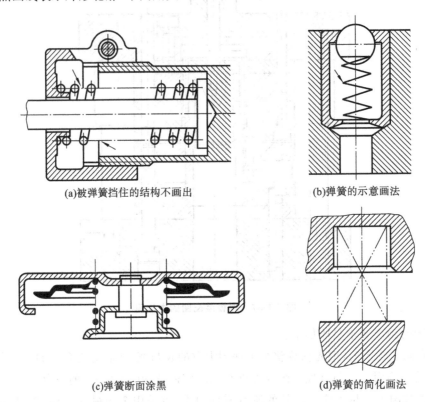

(a)被弹簧挡住的结构不画出　　　　(b)弹簧的示意画法

(c)弹簧断面涂黑　　　　(d)弹簧的简化画法

图 3-1-88　弹簧的画法

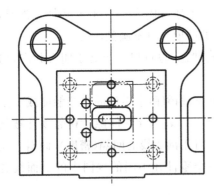

图 3-1-89　冲模装配图的俯视图

3. 俯视图

冲模俯视图是将上模部分移除后所得到的下模部分图形，主要反映模具在水平方向上的布局、冲压时条料的送进方向等。俯视图与边框、主视图、标题栏或明细栏之间也应保持 50～60 mm 的空白，图 1-1-3所示方形垫片复合模的俯视图如图 3-1-89 所示。

在主视图和俯视图的绘制过程中，不能将两图单独分开、独立绘制，而要按照制图要求找出各个零件的对应关系相互交替绘制。

4. 序号引出线的画法

在装配图中，画序号引出线前应先数出模具中零件的个数，然后再做统筹安排。序号一般应以主视图为中心依顺时针方向依次编定,序号引出线应布置整齐,避免出现重叠交叉现象。如需在俯视图上也要引出序号时,也需按顺时针方向画出引出线并进行序号标注,如图 1-1-3 所示。注意绘制序号引出线时,引线不要交叉,也不要与剖面线平行,序号直接写在细实线上。

5. 剖面的选择

模具上模部分剖面的选择应重点反映凸模的固定、凹模洞口的形状、各模板之间的配合关系(即螺钉、销钉的安装情况)、模柄与上模座的安装关系及由打杆、推板、连接推杆、推件块等组成的推出机构的装配关系等。需重点突出的地方应尽可能地采用全剖或半剖,而其他的一些装配关系则可不剖而用虚线画出或省略不画,只需在其他视图上(俯视图或左视图)另作表达即可。

下模部分剖面的选择应重点反映凸凹模的安装关系、凸凹模洞口形状、各模板之间的安装关系(即螺钉、销钉的安装情况)、漏料孔的形状等,这些地方应尽可能采用全剖,其他一些非重点的地方则可简化,如图 1-1-3 所示。

6. 螺钉、销钉的画法

在模具装配图上绘制螺钉、销钉时应注意以下两点。

(1) 螺钉各部分的尺寸必须正确。螺钉的具体型号、尺寸、规格可以查阅相关标准,在装配图上螺钉可采用近似画法。如直径为 D 的内六角螺钉,采用近似画法时可将螺纹头部直径画成 $1.5D$,头部沉头高度为 $D+(1\sim3)$ mm。在画螺纹连接时注意不要漏线,如图 1-1-3所示的内六角螺钉 2,因螺钉只与下面的下模座 1 连接,而螺钉经过的下垫板 5 和凸凹模固定板 6 均为过孔,画时应体现出过孔与螺钉间的间隙。

(2) 模具上销钉尺寸的选用应与螺钉匹配,其直径一般与螺钉直径相同或小一号。画销钉连接时也应注意不要漏线,如图 1-1-3 所示的圆柱销 3 只对凸凹模固定板 6 和下模座 1进行定位,而下垫板 5 不需用销钉定位,所以垫板上的销钉孔为过孔,销钉与过孔之间应有间隙。

7. 产品图画法

在冲模装配图中,产品图一般画在装配图的右上角,在装配图中应说明产品所用的材料名称、厚度、产品的形状、尺寸和其他一些要求;对于不能在一道工序内完成的产品,装配图上应画出该道工序图,并且要标注与本道工序有关的尺寸,如图 3-1-90 所示。

产品图的比例一般与模具图上的比例一致,特殊情况下可以缩小或放大,产品图的方向应与冲压方向一致(即与工件在模具中的位置一致),若特殊情况下不一致时,必须用箭头注明冲压件的成型方向。

8. 排样图画法

当用带料、条料作为毛坯进行冲压时,应在装配图中画出排样图。排样图在装配图中的位置如图 3-1-86 所示,一般画在装配图右上角的产品图下方或主视图与明细表之间。排样图应包括排样方式、产品的冲裁过程、定距方式(用侧刃定距时侧刃的形状、位置)、材料利用率、步距、搭边、料宽及公差,对弯曲、卷边工序的产品还要考虑材料纤维方向。通常从排样图的剖切线上可以看出是单工序模还是复合模或级进模。排样图上的送料方向与模具结构图上的送料方向必须一致,如图 3-1-91 所示。

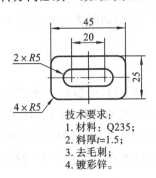

图 3-1-90　产品图

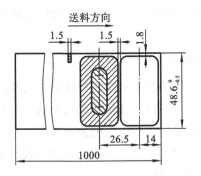

图 3-1-91　排样图

9. 装配图中的技术要求

在装配图中,要简要注明模具的要求、注意事项及技术要求。技术要求包括设备的型号、模具闭合高度及模具打印标识、装配要求等,冲裁模具上还需注明模具间隙。有时在左上角上还需注明档案编号,便于对图纸的使用管理。如图 1-1-3 所示的方形垫板复合模装配图中的技术要求为:

（1）模具闭合高度为 200 mm;

（2）装配时保证凸、凹模周边间隙均匀一致,模具双边间隙为 0.126～0.180 mm;

（3）推件、卸料装置必须灵活,在模具开启状态时,卸料板或推件块应露出凸、凹模表面 0.3～0.5 mm;

（4）压力机型号为 J23-25。

10. 装配图上应标注的尺寸

在模具装配图上需要标注模具闭合高度、外形尺寸、特征尺寸(与成型设备配合的定位尺寸)、装配尺寸(安装在成型设备上螺钉孔中心距)、极限尺寸(活动零件起始位置之间的距离)等。

11. 标题栏和明细表

标题栏和明细表在装配图的右下角,若图纸幅面不够,可以另立一页,其尺寸和规格参照制图标准。

明细表中应有序号、图号、零件名称、数量、材料、备注等。在填写图号一栏时,应给出所有零件图的图号。数字序号应与视图的序号一致,由于模具装配图一般算作图号 00,因此明细表中的图号应从 01 开始计数,没有零件图的零件则没有图号。

在填写零件名称一栏时,应使名称的首尾两字对齐,也可以左对齐。备注栏主要为标准件的规格、热处理、外购或外加工等说明,其余不另注其他内容。

标题栏主要填写的内容有模具的名称、制图比例及签名等内容。其余内容可以不填。

图 1-1-3 所示的方形垫板复合模装配图中的标题栏和明细表如表 3-1-2 所示。

表 3-1-2　方形垫板复合模装配图中的标题栏和明细表

28		挡料销	1	45	10×26　JB/T 7649.5—2008
27		弹簧	3	65Mn	1.6×12×30　GB/T 2089—2009
26	—15	凸凹模	1	Cr12MoV	58～62HRC
25		弹簧	4	65Mn	3×30×40　GB/T 2089—2009
24		卸料螺钉	4	45	卸料螺钉 M10×80　JB/T 7650.6—2008
23		定位销	2	45	10×26　JB/T 7649.5—2008
22	—14	凹模	1	Cr12MoV	60～64HRC
21	—13	凸模	1	Cr12MoV	58～62HRC
20		圆柱销	2	45	销 GB/T 117—2000　10×80
19	—12	连接推杆	2	45	43～48HRC
18	—11	凸模固定板	1	45	防锈处理
17		内六角螺钉	1	45	螺钉 GB/T 70.1—2008　M6×20
16	—10	推板	1	45	43～48HRC
15		内六角螺钉	4	45	螺钉 GB/T 70.1—2008　M8×20
14	—09	打杆	1	45	43～48HRC
13	—08	模柄	1	45	防锈处理
12	—07	上垫板	1	45	43～48HRC
11		内六角螺钉	4	45	螺钉 GB/T 70.1—2008　M10×80
10	—06	上模座	1	HT200	160×125×40　GB/T 2855.1—2008
9		导套	2	20Cr	A 25×95×38　GB/T 2861.3—2008
8	—05	推件块	1	45	43～48HRC
7	—04	卸料板	1	45	28～32HRC
6	—03	凸凹模固定板	1	45	防锈处理
5	—02	下垫板	1	45	43～48HRC
4		导柱	2	Cr20	A 25×160　GB/T 2861.1—2008
3		圆柱销	2	45	销 GB/T 117—2000　10×50
2		内六角螺钉	4	45	螺钉 GB/T 70.1—2008　M10×50
1	—01	下模座	1	HT200	160×125×50　GB/T 2855.2—2008
序　号	图　号	零件名称	数　量	材　料	备　注

方形垫片复合模装配图		图号	—00	第（　）张
		比例	1:1	共（　）张
设计	（姓名）（日期）			
绘图	（姓名）（日期）	（单位名称）		
审核	（姓名）（日期）			

四、任务实施

为了完成图 1-1-1 所示弧形垫片落料模具的测绘,建议如下:

(1) 将学生进行分组,每组人员为 4～6 人;

(2) 制定评分标准。

评分标准见表 3-1-3。

表 3-1-3　评分标准

班　级		小 组 编 号		小　组　长	
小 组 成 员		成 员 分 工			
小 组 自 评		小 组 互 评		综 合 得 分	
序　号	内　容	配　分	小 组 互 评	小 组 自 评	综 合 得 分
1	零件图测绘	每个零件 5 分, 共 60 分			
2	装配图绘制	15 分			
3	小组成员分工合理性	5 分			
4	小组成员的团队合作性	5 分			
5	小组成果汇报	10 分			
6	职业素养	5 分			

五、复习与思考

1. 填空题

(1) 模具测绘就是根据模具实物,通过测量,绘制出模具_____和模具_____的过程。

(2) 模具测绘是先根据模具实物画出_____,通过对测量出来的尺寸进行_____或圆整,并在图样上进行_____;而模具设计是根据所给出的产品_____和要求,设计出符合该产品生产模具的过程。

(3) 游标卡尺是一种_____精度的量具,按其读数数值精度可分为_____ mm、0.05 mm 和_____ mm 三种。

(4) 某游标卡尺主尺上最小刻度为 1 mm,游标尺上是 50 分度共 49 mm,该游标卡尺的精度为_____ mm。用该游标卡尺测得某工件的长度尺寸如下图所示,该工件的长度尺寸为_____ mm。

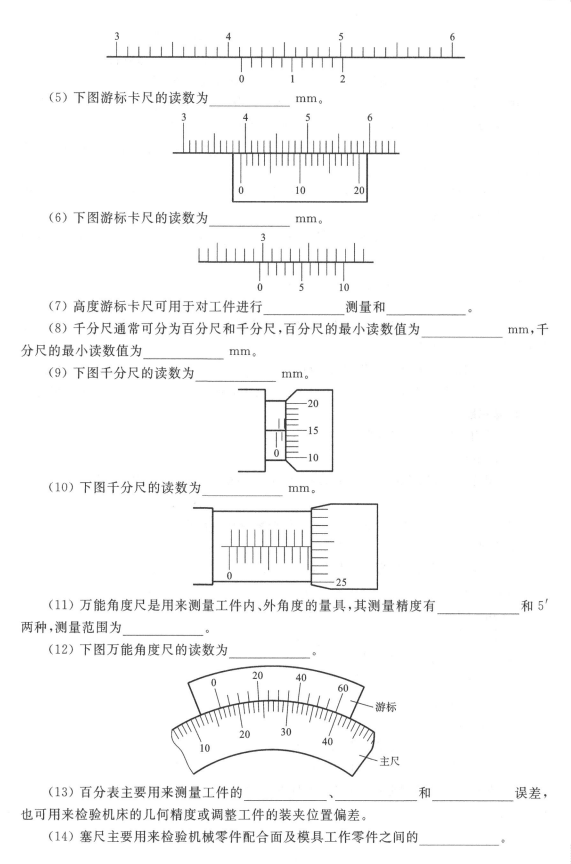

（5）下图游标卡尺的读数为_____ mm。

（6）下图游标卡尺的读数为_____ mm。

（7）高度游标卡尺可用于对工件进行_____测量和_____。

（8）千分尺通常可分为百分尺和千分尺,百分尺的最小读数值为_____ mm,千分尺的最小读数值为_____ mm。

（9）下图千分尺的读数为_____ mm。

（10）下图千分尺的读数为_____ mm。

（11）万能角度尺是用来测量工件内、外角度的量具,其测量精度有_____和 $5'$ 两种,测量范围为_____。

（12）下图万能角度尺的读数为_____。

（13）百分表主要用来测量工件的_____、_____和_____误差,也可用来检验机床的几何精度或调整工件的装夹位置偏差。

（14）塞尺主要用来检验机械零件配合面及模具工作零件之间的_____。

（15）刀口尺主要用于以＿＿＿＿＿＿＿进行直线度和平面度测量。

（16）刀口角尺主要用于工件＿＿＿＿＿＿＿的检测和工件划平行线或垂直线的导向工具。

（17）凸模是用来成型制品、制件＿＿＿＿＿＿＿形状和尺寸的工作零件。其工作部分的形状和尺寸应与成型的＿＿＿＿＿＿＿相适应,安装部分的结构则根据模具的具体结构而定。

（18）为方便模具拆装,螺纹旋入长度一般为螺纹公称尺寸的＿＿＿＿＿＿＿倍,因而螺纹孔中螺纹的长度一般可取螺纹公称直径的＿＿＿＿＿＿＿倍,螺纹底孔深度可取螺纹公称直径的＿＿＿＿＿＿＿倍。

（19）表面粗糙度比较样块主要是用来通过采用＿＿＿＿＿＿＿检查机械零件加工表面粗糙度的一种工作量具。

（20）冲模工作零件的常用材料一般选用＿＿＿＿＿＿＿和＿＿＿＿＿＿＿,热处理后的硬度为＿＿＿＿＿＿＿。

（21）复合冲模工作零件中＿＿＿＿＿＿＿和＿＿＿＿＿＿＿是基准件,＿＿＿＿＿＿＿是配作件。

（22）垫板的作用是＿＿＿＿＿＿＿＿＿＿＿＿＿＿＿＿＿＿＿＿＿＿＿＿＿＿＿＿＿＿＿。

（23）＿＿＿＿＿＿＿是了解模具结构、工作原理的基本技术资料,也是模具制造、装配、使用和维修的重要技术文件。

（24）绘制模具装配图的主视图时,应按＿＿＿＿＿＿＿、＿＿＿＿＿＿＿的顺序绘制。

（25）在模具装配图中,序号一般应以主视图为中心依＿＿＿＿＿＿＿方向依次编定。

2. 选择题

（1）常用游标卡尺的规格为（　　　）。

A. 0.1 mm　　　　　　　B. 0.05 nn　　　　　　　C. 0.02 mm

（2）用游标卡尺测量孔径时,若量爪测量线不通过孔心,则卡尺读数比实际尺寸（　　　）。

A. 大　　　　　　　　　B. 小　　　　　　　　　C. 一样

（3）深度游标卡尺和高度游标卡尺的读数原理与游标卡尺（　　　）。

A. 相同　　　　　　　　B. 相似　　　　　　　　C. 不同

（4）外径千分尺的测量范围从零开始,每增加（　　　）为一种规格。

A. 10 mm　　　　　　　B. 20 mm　　　　　　　C. 25 mm

（5）用来测量工件内、外角度的量具是（　　　）。

A. 游标卡尺　　　　　　B. 万能角度尺　　　　　C. 千分尺

（6）万能角度尺可以用来测量（　　　）范围内的任何角度。

A. 0°～180°　　　　　　B. 0°～320°　　　　　　C. 0°～360°

（7）下列主要用来测量工件长度尺寸的量具是（　　　）。

A. 游标卡尺　　　　　　B. 钢直尺　　　　　　　C. 千分尺

（8）下列不能定量测量零件尺寸的量具是（　　　）。

A. 游标卡尺　　　　　　B. 千分尺　　　　　　　C. R 规

（9）在模具设计和制造中,为方便模具拆装,螺纹旋入长度一般为螺纹公称尺寸的（　　　）倍。

A. 1～1.5　　　　　　　B. 1.5～2　　　　　　　C. 2～2.5

（10）冲模刃口的表面粗糙度一般为（　　　）。

A. $Ra0.2\sim0.8\ \mu m$　　　　　B. $Ra0.8\sim1.6\ \mu m$　　　　　C. $Ra3.2\sim6.3\ \mu m$

（11）冲模中凸模与固定板一般采用（　　　）配合。

A. H7/m6　　　　　　　　　B. H7/r6　　　　　　　　　C. H7/h6

（12）模具中销钉与销钉孔常采用（　　　）的过渡配合。

A. H7/m6　　　　　　　　　B. H7/r6　　　　　　　　　C. H7/h6

（13）下列用来固定冲模中的工作零件的是（　　　）。

A. 垫板　　　　　　　　　　B. 固定板　　　　　　　　　C. 卸料板

（14）在冲裁模的（　　　）上往往设置有控制条料送料方向和步距的定位销和挡料销。

A. 垫板　　　　　　　　　　B. 固定板　　　　　　　　　C. 卸料板

（15）（　　　）是冲模装配图的主体部分。

A. 俯视图　　　　　　　　　B. 侧视图　　　　　　　　　C. 主视图

（16）在模具装配图明细表中的图号应从（　　　）开始计数，没有零件图的零件则没有图号。

A. 00　　　　　　　　　　　B. 01　　　　　　　　　　　C. 02

3. 判断题（对的在后面的括号内打√，错的打×）

（1）模具测绘是对模具实物进行测量并绘制图样的过程。　　　　　　　　　　（　　　）

（2）百分表只能测出相对数值，不能测出绝对数值。　　　　　　　　　　　　（　　　）

（3）对于冲模中上、下模座的测绘只需通过测量查出其标准即可。　　　　　　（　　　）

（4）测绘落料模时，应先测绘凸模。　　　　　　　　　　　　　　　　　　　（　　　）

（5）测绘模具零件时，其零件图样上的尺寸就是实际测量出的尺寸。　　　　　（　　　）

（6）由于冲模工件零件直接决定产品的形状和尺寸，因而在测量其工作部分尺寸时，要根据产品尺寸对测量出的数值加以计算修正。　　　　　　　　　　　　　　　　（　　　）

（7）凹模是用来成型制品、制件内表面形状和尺寸的工作零件。　　　　　　　（　　　）

（8）在选用冲模标准模具时，只需根据凹模的周边尺寸选用标准中合适的模架即可。
　　　　　　　　　　　　　　　　　　　　　　　　　　　　　　　　　　（　　　）

（9）在冲模主视图中，当零件厚度小于 2 mm 时，毛坯、废料和零件的剖切面最好涂黑，以便图面更加清晰。　　　　　　　　　　　　　　　　　　　　　　　　　　　　（　　　）

（10）在冲模装配的主视图中，因零件太多无法全部画出时允许在主视图中只画出零件的一半，其投影可在左视图或俯视图中画出。　　　　　　　　　　　　　　　　（　　　）

（11）装配图中两相邻零件的接触面或配合面，只画一条轮廓线；相邻两个零件的非接触面或非配合面，不论间隙大小，都应画两条轮廓线。　　　　　　　　　　　　（　　　）

（12）装配图中相邻零件被剖切时，剖面线倾斜方向应相同。　　　　　　　　（　　　）

（13）在装配图中，同一张图样上同一个零件在不同的视图中的剖面线方向、间隔应相反。　　　　　　　　　　　　　　　　　　　　　　　　　　　　　　　　　（　　　）

（14）在主视图和俯视图的绘制过程中，可以将两图单独分开、独立绘制。　　（　　　）

（15）因模具装配图中零件过多，一些非重要零件在装配图中可以不表达。　　（　　　）

(16) 在主视图中,如果零件太多无法全部画出时允许只画出零件的一半。　　(　　)

(17) 在填写模具装配图图号一栏时,所有零件都应给出图号。　　　　　　(　　)

4. 简答题

(1) 简述冲模零件的测绘步骤。

(2) 冲模装配图包括哪些内容?

(3) 绘制模具装配图有哪些要求?

(4) 绘制冲模主视图时,应注意什么?

(5) 模具装配图中的技术要求包括哪些内容?

任务二　塑料模测绘

一、任务描述

根据图 1-2-1 所示方形塑料盖注射模具实物,在对其进行拆卸后,完成下列工作任务。

(1) 通过对零件 1、2、4、5、8、10、11、12、17、18、22、23、26 的测量,完成这些零件图的绘制。

(2) 绘制该模具的装配图。

二、任务分析

通过对图 1-2-1 所示方形塑料盖注射模具的认知和拆装,系统地掌握了该类注射模的结构、工作原理及模具中各个零件的名称和作用,借助于已学《机械制图》《公差配合与技术测量》《金属材料及热处理》的相关知识及在《金工实训》中所学的测量和零件加工知识,通过查阅有关模具标准资料,即可方便测绘出该模具的零件图和装配图,为日后从事塑料模维修、制造及设计打下良好的基础。

三、知识链接

(一) 模具零件测绘

塑料模的测绘步骤和方法与冲模相似,也是先测绘工作零件,然后测绘结构零件,最后绘制装配图;对于模具零件的测绘,先要根据提供的实物绘制草图,然后将测量出的实物尺寸标注于草图上,再根据产品尺寸对测量出的尺寸进行计算修正或圆整,然后将修正或圆整后的尺寸进行标注,并附注材料、技术要求等,形成测绘后的零件图。现以图 1-2-4 所示双分型面注射模为例来说明注射模零件测绘的方法和步骤。

1. 工作零件测绘

塑料模的工作零件根据模具结构不同,可分为型芯(凸模)、型腔(凹模)、螺纹型芯、螺纹型环、成型镶件、成型推杆等,它们是用来直接参与塑料件成型的模具零件。图 1-2-4 所示双分型面注射模的工作零件有型芯 14 和凹模 8。下面分别说明这两个零件的测绘方法和步骤。

1）型芯测绘（零件编号参照图 1-2-4）

型芯（凸模）是用来成型塑料件内表面的工作零件，图 1-2-4 中型芯 14 的三维效果图如图 3-2-1 所示。根据现场提供的实物绘制如图 3-2-2 所示型芯草图。

图 3-2-1　型芯三维效果图

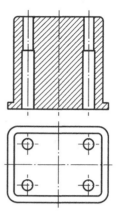

图 3-2-2　型芯草图

利用游标卡尺、半径规等量具对型芯实物进行测量，并将测量出的数据标注在草图上，如图 3-2-3 所示。

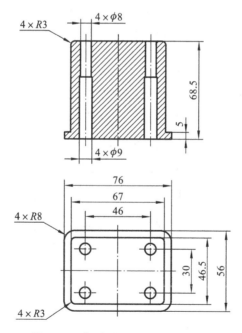

图 3-2-3　标注测量尺寸的型芯草图

由于该零件为工作零件，其工作部分的尺寸与塑料件尺寸有关，因此需对测量出的尺寸进行计算修正。因该型芯一部分用来成型塑料件，另一部分用来与型芯固定板装配固定，此外上面四个 $\phi8$ 的顶杆过孔与顶杆之间采用间隙配合，其间隙值要小于塑料的溢边值，这样才能保证在注射成型过程中在顶杆位置处不产生溢边，因此要分段进行修正。对于成型部分的尺寸修正可以通过日后"塑料成型工艺与模具设计"课程的学习，结合塑料的收缩率、模具的磨损及模具的制造误差等因素计算获得,也可以在日后"UG"或"Pro/E"等设计软件中的塑料模具设计部分输入相应的参数,由系统自动分模后获得,在这里不作详细叙述。结合塑料件材料 ABS(平均收缩率 0.5%)、尺寸及精度(MT5)要求,经计算得到相应的型芯成型部分的尺寸见表 3-2-1。

表 3-2-1　型芯成型部分尺寸

塑料件尺寸	66	46	28	$R3$
型芯尺寸	$67^{0}_{-0.28}$	$46.7^{0}_{-0.21}$	$28.5^{0}_{-0.17}$	$R3.1^{0}_{-0.07}$

由于 ABS 的溢边值为 0.04 mm,因此顶杆与 $\Phi 8$ 过孔的配合间隙要小于 0.04 mm,故采用 H8/f6 滑动配合,配合长度一般取推杆直径的 2～3 倍;型芯与固定板的配合一般采用 H7/m6 的过渡配合。型芯材料选用 P20 预硬化钢,淬火硬度为 30～36HRC;工作部分表面粗糙度取 $Ra0.02\ \mu m$,配合部分表面粗糙度取 $Ra1.6\ \mu m$,其余部分表面粗糙度取 $Ra6.3\ \mu m$。

结合草图、测量尺寸修正、材料的选用及热处理和表面质量要求,绘制如图 3-2-4 所示的型芯零件图。

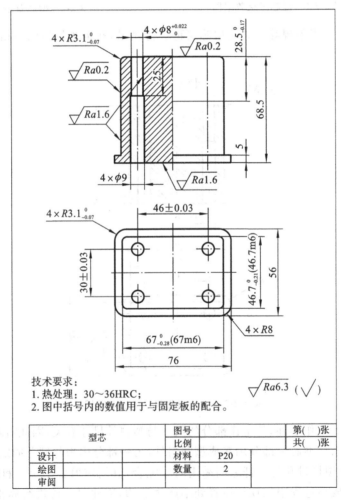

图 3-2-4　型芯零件图

2) 凹模测绘(零件编号参照图 1-2-4)

凹模(型腔)是用来成型塑料件外表面的工作零件,有整体式和组合式两类。图 1-2-4 所示双分型面注射模的凹模采用整体式,直接在定模板上加工成型。由于塑料模模架目前已标准化,故在模具测绘之前,应根据模具结构和拆卸前所测量出的外形尺寸查出相应的模架标准型号,再根据该型号查出模板的外形及板上导柱(导套)、螺钉等安装孔的对应尺寸,方便后面进行尺寸修正。按照上述方法,根据拆卸前对外形尺寸的测量结果,查出图 1-2-4 所示双分型面注射模的模架型号为:DA2035－50×40×70－200(GB/T 12555—2006)。

在查出标准模具型号之后,便可进行凹模(定模板)的测绘了。凹模的测绘方法同前,现就其测绘说明如下。

图 1-2-4 所示凹模 8 的三维效果图如图 3-2-5 所示。根据现场提供的该图实物,绘制如图 3-2-6 所示的凹模零件草图。

(a)型腔面　　　　　　　　　　　　(b)流道面

图 3-2-5　凹模三维效果图

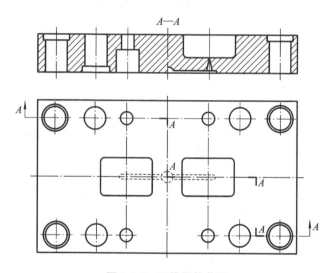

图 3-2-6　凹模零件草图

使用合适的量具对凹模实物进行测量,并将测量出的数值标注在草图上,如图 3-2-7 所示为标注测量尺寸的凹模草图。

凹模的尺寸修正包括三方面:一是凹模成型部分的尺寸修正;二是其外形尺寸和各导套孔、定距拉杆过孔、分流道、点浇口的形状和位置尺寸修正;三是浇注系统中分流道和点浇口尺寸的修正。成型部分的尺寸修正可在后续学习中通过计算或在相关的设计软件中输入有关参数由系统自动生成获得,这里不作叙述。表 3-2-2 所示是根据塑料件材料的平均收缩率、塑料件的精度和模具的制造公差计算得到的凹模成型部分的尺寸。

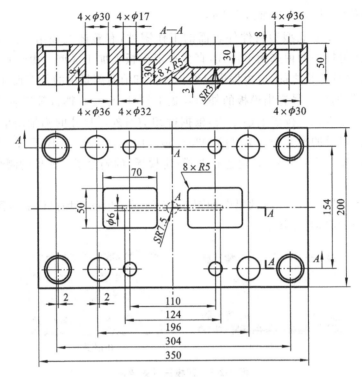

图 3-2-7   标注测量尺寸的凹模草图

表 3-2-2   型腔成型部分的尺寸   mm

塑料件尺寸	70	50	30	R5
型腔尺寸	$69.7_0^{+0.28}$	$49.8_0^{+0.21}$	$28.8_0^{+0.16}$	$R4.85_0^{+0.08}$

外形尺寸和各导套安装孔的尺寸修正可根据模架标准查出其对应尺寸。如根据该模架标准可查出凹模外形尺寸为 200 mm×350 mm×50 mm。导套安装孔的位置尺寸在标准中已明确,但其形状尺寸则要通过标准中的导柱尺寸查阅其对应的导套尺寸才能获得。如该模具标准中,用于动、定模导向的拉杆导柱和带头导柱的直径为 20 mm,可通过查阅带头导套标准 GB/T 4169.3—2006,查得导套的标准型号为:20 mm×50 mm,导套与安装孔采用 H7/m6 的配合,由此得到其在凹模中安装孔的尺寸。

分流道尺寸的修正主要考虑的是加工刀具,其尺寸应与常用的标准铣刀相适应。点浇口由于其尺寸较小,且浇口直身长度和流道锥度不便测量,因而通过测量其浇口端尺寸和流道进口端尺寸后,通过计算和查阅点浇口的相应设计参数进行修正。

凹模的材料、热处理、表面质量及其他的形位公差要求按 GB/T4169.8—2006 执行。

通过上述的尺寸修正及按标准要求附上相应的技术要求,形成图 3-2-8 所示的凹模零件图(在后面的零件图中因页面限制,去掉图框和标题栏)。

对于草图中一些表达不清晰部分,在零件图中可增加一些局部放大图,如该零件图在草图基础上为使浇注系统表达清晰,就增加了两个局部放大图。此外,在草图中,有些尺寸标注在一些虚线轮廓上,在零件图中应尽量将这些尺寸标注在实线轮廓上,如有必要,应增加一些视图。

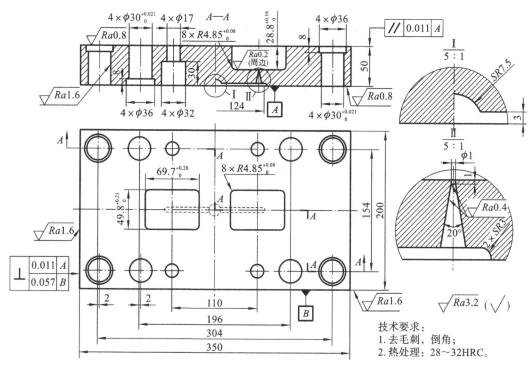

图 3-2-8 凹模零件图

2. 其他零件测绘

1) 型芯固定板测绘(零件编号参照图 1-2-4)

型芯固定板的作用主要用于固定型芯(凸模),确保型芯(凸模)在模具中的位置正确。图 1-2-4 所示双分型面注射模型芯固定板 5 的三维效果图如图 3-2-9 所示。

(a)正面   (b)背面

图 3-2-9 型芯固定板三维效果图

根据实物绘制如图 3-2-10 所示的型芯固定板草图。

对实物进行测量,并将测量结果标注于草图上,形成如图 3-2-11 所示的型芯固定板草图。

对测量尺寸进行修正,可根据模架型号查出型芯固定板的外形尺寸和导柱安装孔、拉杆导柱过孔、复位杆安装孔、螺钉安装孔位置尺寸。各孔的形状尺寸应根据其作用和配合关系来修正。如导柱安装孔与导柱采用的是 H7/m6 的过渡配合、复位杆过孔与复位杆采用的是 H7/f6 的滑动配合、型芯与型芯安装孔采用的是 H7/m6 的过渡配合、拉杆导柱与定距拉杆过孔要保证拉杆导柱上的挡环和定距拉杆头部能顺利通过,其尺寸应比挡环和头部径向尺寸大 1~2 mm。型芯固定板的材料、热处理、表面质量及其他形位公差等方面的技术要

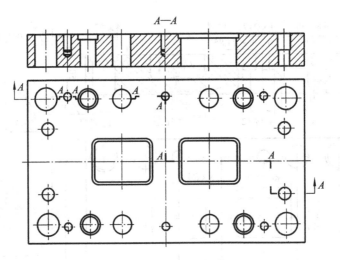

图 3-2-10 型芯固定板草图

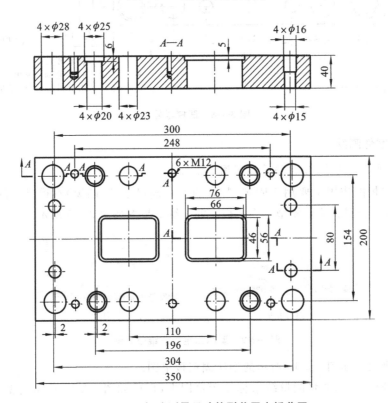

图 3-2-11 标注测量尺寸的型芯固定板草图

求可参考 GB/T 4169.8—2006。通过修正后得到的型芯固定板零件图如图 3-2-12 所示。

2）支承板测绘（零件编号参照图 1-2-4）

支承板主要是用来防止成型零件和导向零件轴向移动和承受成型压力的结构零件。图 1-2-4 所示双分型面注射模支承板 4 的三维效果图如图 3-2-13 所示。

由实物绘制出的零件草图如图 3-2-14 所示。将对实物测量后的数据标注于草图成型的标注测量尺寸的支承板草图如图 3-2-15 所示。

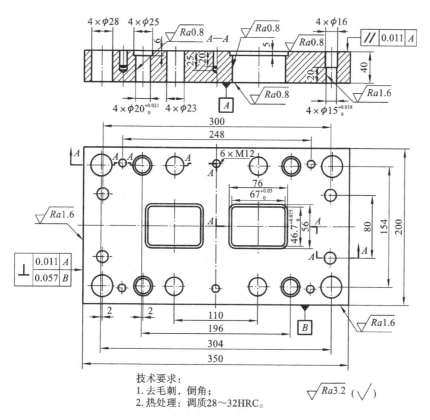

技术要求：
1. 去毛刺，倒角；
2. 热处理：调质28～32HRC。

$\sqrt{Ra3.2}$ ($\sqrt{}$)

图 3-2-12　型芯固定板零件图

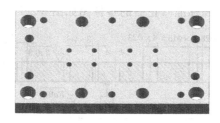

图 3-2-13　支承板三维效果图

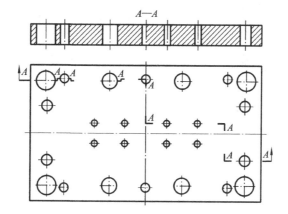

图 3-2-14　支承板草图

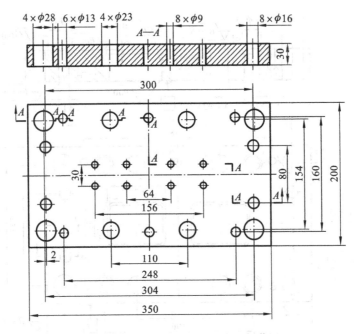

图 3-2-15　标注测量尺寸的支承板草图

　　支承板外形尺寸可通过查阅模架标准型号修正,支承板上所有孔均为过孔,拉杆导柱、定距拉杆及螺钉过孔的形状和位置尺寸可根据型芯固定板上孔的尺寸修正。推杆过孔的形状和位置尺寸要结合型芯及型芯固定板相应尺寸修正,所有过孔均应保证其通过的零件运动灵活,不产生干涉或发卡现象。材料及其他技术要求参考 GB/T 4169.8—2006。

　　结合实物及按相关零件和标准修正后的零件图如图 3-2-16 所示。

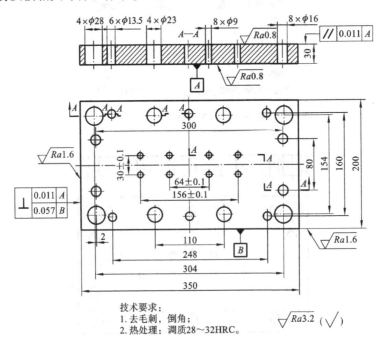

技术要求:
1. 去毛刺,倒角;
2. 热处理:调质28～32HRC。

图 3-2-16　支承板零件图

3）垫块测绘（零件编号参照图 1-2-4）

垫块的作用是用来调节模具闭合高度并形成推出机构所需空间。图 1-2-4 所示模具的垫块 2 三维效果图如图 3-2-17 所示。

图 3-2-18 所示为根据垫块实物绘制的垫块草图。

图 3-2-17　垫块三维效果图

图 3-2-18　垫块草图

通过测量左、右两垫块外形尺寸一致，但拉杆导柱过孔位置不同，因此将测量出的数值标注于草图上，形成如图 3-2-19(a)、(b)所示标注测量尺寸的左、右两垫块草图。

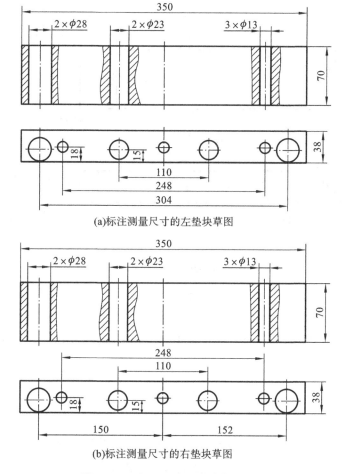

(a)标注测量尺寸的左垫块草图

(b)标注测量尺寸的右垫块草图

图 3-2-19　标注测量尺寸的垫块草图

垫块形状简单，其外形尺寸、拉杆导柱过孔及螺钉过孔的形位尺寸依据模架标准修正；

定距拉杆过孔形位尺寸参照支承板修正;材料及其他技术要求参考 GB/T 4169.6—2006。经修正后形成如图 3-2-20 所示的垫块零件图。

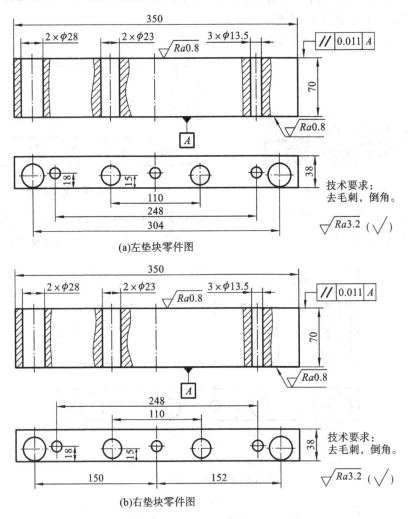

图 3-2-20　垫块零件图

4) 推杆固定板测绘(零件编号参照图 1-2-4)

推杆固定板主要用于固定推杆、复位杆、拉料杆、推板导套等零件,以保证它们在模具中的位置不发生变动。图 1-2-4 中推杆固定板 16 的三维效果图如图 3-2-21 所示。

图 3-2-21　推杆固定板三维效果图

根据实物绘制的推杆固定板草图如图 3-2-22 所示。

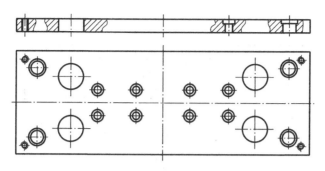

图 3-2-22 推杆固定板草图

将对实物测量出的尺寸标注于草图上形成图 3-2-23 所示的标注测量尺寸的推杆固定板草图。

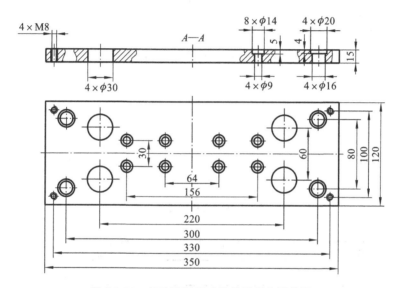

图 3-2-23 标注测量尺寸的推杆固定板草图

推杆固定板外形尺寸参照标准型号模架修正,复位杆和推杆与其固定孔采用较松动的间隙配合,其间隙为 1 mm 左右。其上推杆导套安装孔与推杆导套采用 H7/e7 配合。推杆安装孔的位置尺寸参照支承板修正。材料及其他技术要求参考 GB/T 4169.7—2006。经修正后形成的推杆固定板零件图如图 3-2-24 所示。

5）推板测绘（零件编号参照图 1-2-4）

推板主要起支承推出、复位(杆)零件,传递机床推出力的作用。

图 1-2-4 所示双分型面注射模推板 17 的三维效果图如图 3-2-25 所示。根据实物绘制的草图如图 3-2-26 所示。

对实物进行测量,并将测量结果标注于草图上,如图 3-2-27 所示。推板外形尺寸参照标准模架型号修正。螺钉安装孔参照标准 GB/T 152.3—1988 修正,推板导套安装孔与推板采用 H7/e7 配合,其孔偏差代号为 H7。材料及其他要求参考 GB/T 4169.7—2006,由此得到修正后的推板零件图如图 3-2-28 所示。

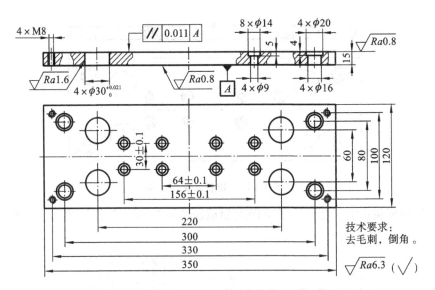

图 3-2-24　推杆固定板零件图

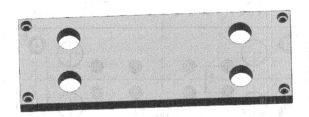

图 3-2-25　推板三维效果图

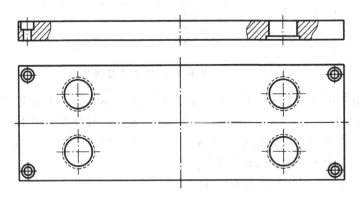

图 3-2-26　推板草图

6）动模座板测绘（零件编号参照图 1-2-4）

动模座板是动模部分的支座,所有动模部分的零件都依附在动模座板上,从而使动模部分构成一个相对独立的整体,同时可使动模固定在注塑机的移动模板上。

图 1-2-4 中动模座板 1 的三维效果图如图 3-2-29 所示。

根据现场提供的动模座板实物绘制如图 3-2-30 所示草图。将对实物测量出的尺寸标注于草图上,形成如图 3-2-31 所示的标注测量尺寸的动模座板草图。

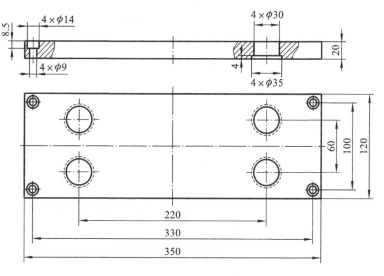

图 3-2-27 标注测量尺寸的推板草图

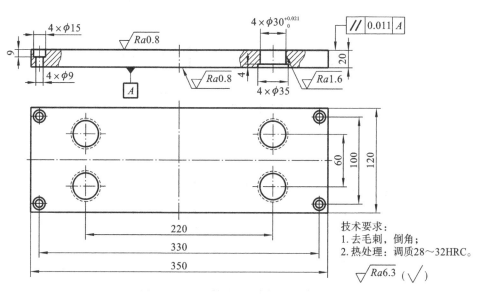

技术要求:
1. 去毛刺,倒角;
2. 热处理:调质28~32HRC。

$\sqrt{Ra6.3}$ ($\sqrt{\ }$)

图 3-2-28 推板零件图

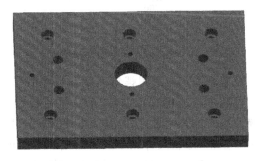

图 3-2-29 动模座板三维效果图

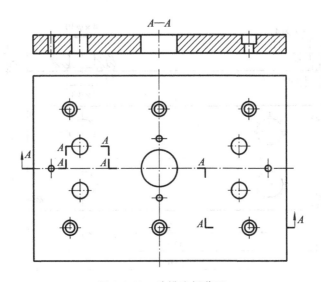

图 3-2-30　动模座板草图

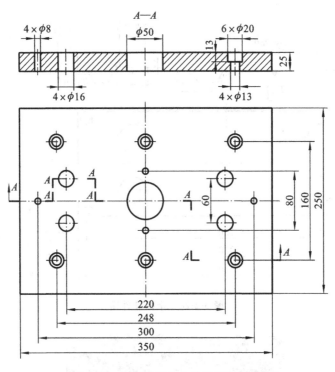

图 3-2-31　标注测量尺寸的动模座板草图

　　动模座板的外形尺寸及型芯固定板紧固螺钉安装孔尺寸的修正也是参照标准模架,推板导柱安装孔的位置尺寸参照推板或推杆固定板,形状尺寸按与导柱成 H7/m6 的配合要求修正。限位钉除与动模座板有配合要求外,与其他零件无配合要求,因而其位置尺寸按无配合条件下的修正原则进行修正,形状尺寸按 H7 的偏差等级修正。材料及其他技术要求参考 GB/T 4169.7—2006,由此得到修正后的动模座板零件图如图 3-2-32 所示。

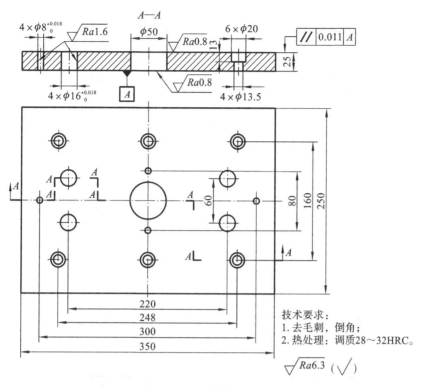

图 3-2-32　动模座板零件图

7）推料板测绘（零件编号参照图 1-2-4）

推料板的作用是将浇注系统凝料从定模板中推出，实现浇注系统凝料的自动脱模。图 1-2-4 中推料板 9 的三维效果图如图 3-2-33 所示。

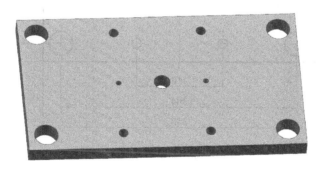

图 3-2-33　推料板三维效果图

根据零件实物绘制如图 3-2-34 所示的推料板草图。然后按前述方法对零件进行测量，并将测量结果标注于草图上，得到如图 3-2-35 所示的标注测量尺寸的推料板草图。

在此基础上对测量尺寸进行修正，外形尺寸按照标准模架型号对应的尺寸修正，直导套和浇口套安装孔分别与直导套和浇口套有配合要求，其配合精度等级为 H7/m6，因此其形状尺寸按此配合要求修正。材料及其他的技术要求参考 GB/T 4169.7—2006。

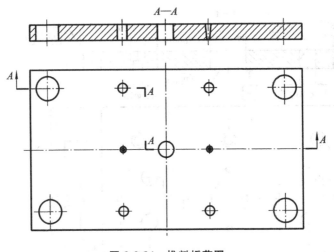

图 3-2-34　推料板草图

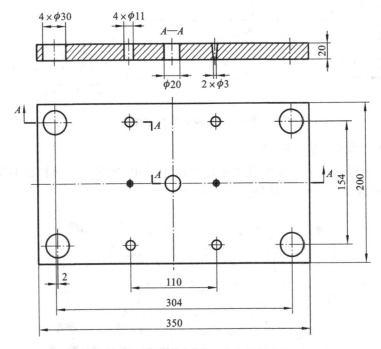

图 3-2-35　标注测量尺寸的推料板草图

经修正后的推料板零件图如图 3-2-36 所示。

8）定模座板测绘（零件编号参照图 1-2-4）

定模座板是模具定模部分的底座，用来将定模部分的零件构成一个整体，此外还用于将定模固定在注塑机固定模板上。

图 1-2-4 中定模座板 10 的三维效果图如图 3-2-37 所示。其测绘方法与前述相同。图 3-2-38 所示是根据实物绘制的定模座板草图。图 3-2-39 所示是标注测量尺寸后的草图。

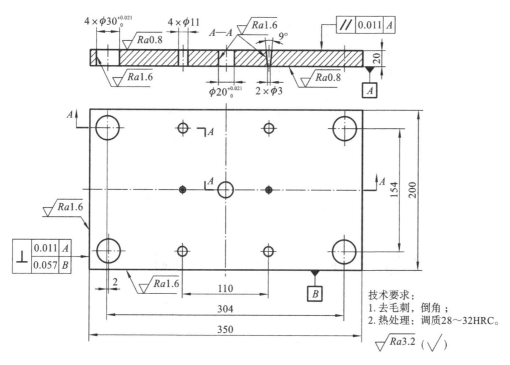

图 3-2-36　推料板零件图

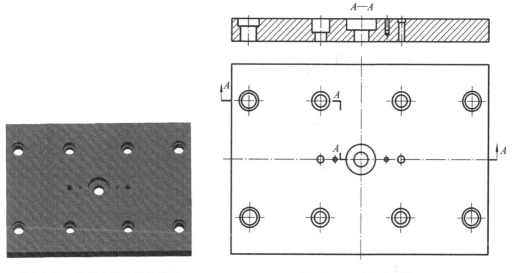

图 3-2-37　定模座板三维效果图　　　**图 3-2-38　定模座板草图**

　　定模座板尺寸的修正一是根据标准模架型号修正其外形尺寸,二是根据在其上安装的零件与其配合关系进行修正。拉杆导柱、浇口套和锥头拉料杆与安装孔均为 H7/m6 配合,因此其安装孔的尺寸偏差取 H7。其余为无配合要求尺寸,按前述进行尺寸圆整即可。定模座板上各孔的位置尺寸与型腔板和推料板相应孔一致。由于螺纹孔深度不便测量,因而其深度尺寸根据模具上螺纹连接的要求进行修正。其修正后的零件图如图 3-2-40 所示。

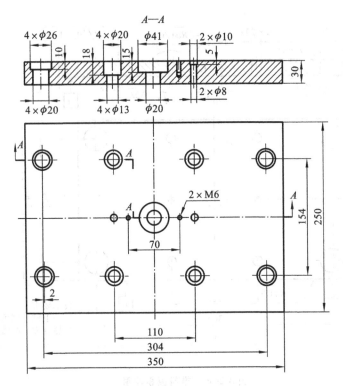

图 3-2-39 标注测量尺寸后的定模座板草图

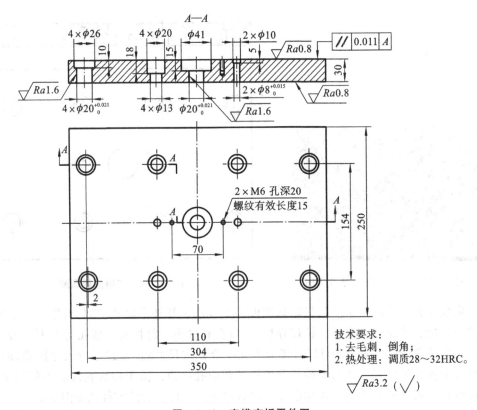

图 3-2-40 定模座板零件图

9）浇口套测绘（零件编号参照图1-2-4）

浇口套的主要作用是将经注塑机喷嘴注射出的熔融塑料通过其上开设的主流道进入模具型腔或分流道。浇口套目前已标准化，在GB/T 4169.19—2006中已规定了浇口套的尺寸和公差，使用时只需选取即可。图1-2-4中浇口套30的零件图如图3-2-41所示。

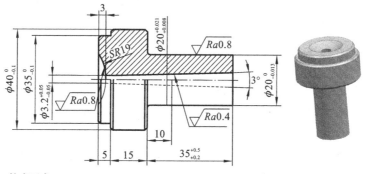

技术要求：
1. 未注倒角为1mm×45°，未注圆角为1mm；
2. 局部热处理：$SR19$mm球面硬度为38～45HRC。

$\sqrt{Ra3.2}$（$\sqrt{}$）

图3-2-41　浇口套零件图

10）定位圈测绘（零件编号参照图1-2-4）

定位圈用来确定定模在注塑机定模板上的安装位置，保证注塑机喷嘴与模具浇口套对中，它与注塑机定模板上的定位孔之间采用相对松动的间隙配合，其作用是为了使主流道与喷嘴和机筒对中。

定位圈目前已标准化，GB/T 4169.18—2006规定了塑料注射模用定位圈的尺寸规格和公差，使用时只需根据注塑机选用即可。图1-2-4中定位圈31的零件图如图3-2-42所示。

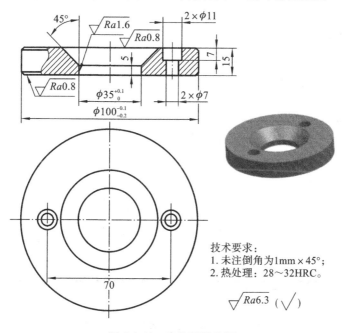

技术要求：
1. 未注倒角为1mm×45°；
2. 热处理：28～32HRC。

$\sqrt{Ra6.3}$（$\sqrt{}$）

图3-2-42　定位圈零件图

对于该模具中其他零件的测绘,因其结构比较简单,且测绘步骤和方法与上面各零件均相同,这里就不再叙述。但要说明的是,对于推杆及复位杆的测绘,因模具结构不同,其在模具中的实际长度与标准中的规格存在差异,因此在选用时应根据实际测量结果,选用标准中比实际长度略大的那种长度规格。因为在模具装配时,只要将这种规格的推杆和复位杆经过适当加工就能达到使用要求。一般而言,模具装配后,推杆应高出型面 0.05～0.1 mm,复位杆应低于型面 0.02～0.05 mm。

(二)装配图绘制

1. 塑料模装配图中视图的位置布置

通常情况下,塑料模装配图有三个主要视图,分别为俯视图、主视图(主剖视图)和侧剖视图。当模具结构较为复杂时,还会增加一些辅助视图进行补充说明,如主剖视图或侧剖视图的局部剖视图、浇口处的放大视图、塑料件的 3D 视图等。此外在装配图上还应画出塑料件图并填写零件明细表和提出技术要求等。

塑料模装配图中视图位置的布置可参考图 3-2-43。其中图 3-2-43(a)为只需要俯视图和主视图两个视图即可表达清楚的简单塑料模装配图的视图布置。图 3-2-43(b)、(c)为通常情况下塑料模装配图的视图布置。图 3-2-43(d)为较为复杂塑料模需要四个视图表达时的视图布置。

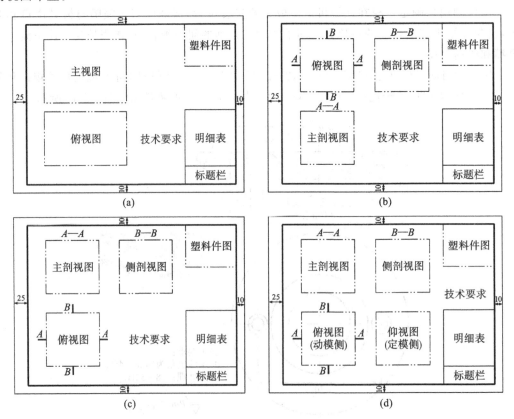

图 3-2-43　塑料模装配图的视图布置

2. 主视图(主剖视图)的绘制

塑料模装配图中主视图的绘制顺序同冲模一样,也是按照先里后外、由上而下的原则,即先绘制塑料零件图、型芯、型腔……主视图一般应反映模具的工作状态,即绘制时按模具闭合状态画出;也可绘制成一半处于工作状态,一半处于非工作状态。在主视图上尽可能将模具中的所有零件画出,可采用全剖或阶梯剖。在剖视图中剖切到型芯等旋转体时,其剖面不画剖面线;有时为了图面清晰,非旋转型的型芯也可不画剖面线。图 1-2-4 中的双分型面注射模主视图如图 3-2-44 所示。

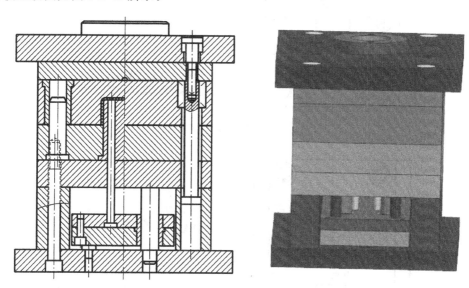

图 3-2-44　双分型面注射模主视图的绘制

3. 俯视图的绘制

将模具沿注射方向"打开"定模,沿着注射方向分别从上往下看已打开的动模和定模,绘制俯视图。注意俯视图和主视图应一一对应画出,图 1-2-4 中的双分型面注射模的俯视图如图 3-2-45 所示。

4. 侧剖视图的绘制

同主剖视图一样,侧剖视图也是模具在合模状态下的全剖、阶梯剖或旋转剖视图。图 1-2-4 中的双分型面注射模的侧剖视图如图 3-2-46 所示。

5. 塑料件图的绘制

塑料件图是经模塑成型后所得到的塑料件图形,一般画在总装图的右上角,并注明材料名称及必要的尺寸。

塑料件图的比例一般与模具图上的一致,特殊情况可以缩小或放大。塑料件图的方向应与模塑成型方向一致(即与工件在模具中的位置一致),若特殊情况下不一致时,必须用箭头注明模塑成型方向。图 1-2-4 中的双分型面注射模装配图上的塑料件图如图 3-2-47 所示。

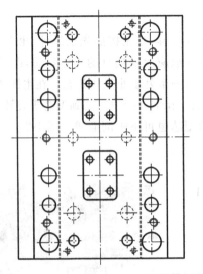
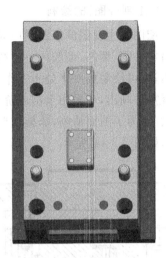

(a)动模侧俯视图的绘制

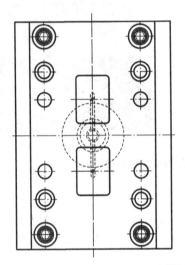
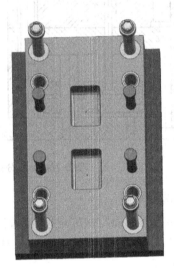

(b)定模侧俯视图的绘制

图 3-2-45   俯视图的绘制

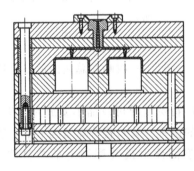

图 3-2-46   侧剖视图的绘制

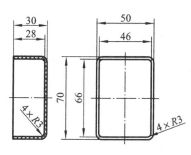

技术要求:
1. 材料:ABS;
2. 表面应光洁无损、色泽均匀,无明显凹痕飞边、银丝、熔接痕等缺陷;
3. 未注圆角半径为R5。

图 3-2-47 塑料件图的绘制

6. 标题栏和明细表

塑料模装配图中的标题栏和明细表同冲模装配图的一样,这里不再赘述。图 1-2-4 中的双分型面注射模装配图上的标题栏和明细表见表 3-2-3。

表 3-2-3 双分型面注射模装配图中的标题栏和明细表

32	—15	复位杆	4	T10A	复位杆 15×125 GB/T 4169.13—2006
31		定位圈	1	45	定位圈 100 GB/T 4169.18—2006
30	—14	浇口套	1	45	浇口套 20×50 GB/T 4169.19—2006
29		内六角螺钉	2	45	螺钉 GB/T 70.1—2008 M6×25
28	—13	分流道拉料杆	2	45	调质处理
27		拉杆导柱	4	20Cr	拉杆导柱 20×200 GB/T 4169.20—2006
26		直导套	4	20Cr	直导套 20×20 GB/T 4169.2—2006
25		带头导套	4	20Cr	带头导套 20×50 GB/T 4169.3—2006
24		内六角螺钉	4	45	螺钉 GB/T 70.1—2008 M12×30
23	—12	挡环	4	45	表面发黑处理
22		弹簧垫圈	4	65Mn	弹簧垫圈 M10 GB/T 94.1—2008
21		推板导套	4	20Cr	推板导套 20 GB/T 4169.12—2006
20		推板导柱	4	20Cr	推板导柱 20×70 GB/T 4169.14—2006
19		内六角螺钉	2	45	螺钉 GB/T 70.1—2008 M8×25
18		限位钉	4	45	限位钉 16 GB/T 4169.9—2006
17	—11	推板	1	45	推板 120×350×20 GB/T 4169.7—2006
16	—10	推杆固定板	1	45	推板 120×350×15 GB/T 4169.7—2006
15	—09	拉杆	8	3Cr2W8V	拉杆导柱 8×150 GB/T 4169.20—2006
14	—08	型芯	2	P20	热处理:30～36HRC
13		定距拉杆	4	20Cr	拉杆导柱 16×140 GB/T 4169.20—2006
12		弹簧	4	65Mn	3×30×40 GB/T 2089—2009
11		螺钉	4	45	圆柱头卸料螺钉 M10×35 JB/T 7650.5—2008

10	—07	定模座板	1	45	模板 B250×350×30 GB/T 4169.8—2006
9	—06	推料板	1	45	模板 A200×350×20 GB/T 4169.8—2006
8	—05	凹模	1	45	模板 A200×350×50 GB/T 4169.8—2006
7		带头导套	4	20Cr	带头导套 20×50 GB/T 4169.3—2006
6		带头导柱	4	20Cr	带头导柱 20×80×40 GB/T 4169.4—2006
5	—04	型芯固定板	1	45	模板 A200×350×40 GB/T 4169.8—2006
4	—03	支承板	1	45	模板 A200×350×30 GB/T 4169.8—2006
3		内六角螺钉	6	45	螺钉 GB/T 70.1—2008 M12×130
2	—02	垫块	2	45	垫块 38×350×70 GB/T 4169.6—2006
1	—01	动模座板	1	45	模板 B250×350×25 GB/T 4169.8—2006
序　号	图　号	零件名称	数　量	材　料	备　　注

双分型面注射模装配图	图号	—00	第（　）张
	比例	1：1	共（　）张

设计	（姓名）	（日期）	
绘图	（姓名）	（日期）	（单位名称）
审核	（姓名）	（日期）	

四、任务实施

为了完成图 1-2-1 所示方形塑料盖注射模具的测绘，建议如下：

（1）将学生进行分组，每组人员为 4～6 人；

（2）制定评分标准。

评分标准见表 3-2-4。

表 3-2-4　评分标准

班　级		小组编号		小组长	
小组成员		成员分工			
小组自评		小组互评		综合得分	
序　号	内　容	配　分	小组互评	小组自评	综合得分
1	零件图测绘	每个零件 5 分，共 65 分			
2	装配图绘制	15 分			
3	小组成员分工合理性	5 分			

续表

序　号	内　　容	配　　分	小 组 互 评	小 组 自 评	综 合 得 分
4	小组成员的团队合作性	5分			
5	小组成果汇报	5分			
6	职业素养	5分			

五、复习与思考

1. 填空题

(1) 塑料模的测绘步骤是先测绘_____,然后测绘_____,最后绘制_____。

(2) 塑料模的工作零件是用来直接参与_____成型的模具零件。

(3) 塑料模具中的顶杆过孔与顶杆之间的间隙要小于塑料的_____,这样才能保证在注射成型过程中在顶杆位置处不产生溢边。

(4) 支承板主要用来动模_____和承受_____,避免模具在注射时因压力过大而变形或损坏。

(5) 在注射模中垫块的作用是_____和调节模具高度。

(6) 在注射模中推板主要起支承_____、_____零件,传递机床推出力的作用。

(7) 浇口套的主要作用是将经注塑机喷嘴注射出的熔融塑料通过其上开设的_____进入模具型腔或_____。

2. 选择题

(1) 下列属于注射模工作零件的是(　　)。

A. 推杆　　　　　　　　B. 型腔　　　　　　　　C. 推件板

(2) 下列用于成型塑料件内表面的工作零件是(　　)。

A. 型芯　　　　　　　　B. 型腔　　　　　　　　C. 螺纹型环

(3) 下列用于成型塑料件外部轮廓的工作零件是(　　)。

A. 型芯　　　　　　　　B. 凹模　　　　　　　　C. 螺纹型芯

(4) 复位杆过孔与复位杆采用的是(　　)配合。

A. H7/m6　　　　　　　B. H7/f6　　　　　　　C. H7/r6

(5) 推杆固定板与推板导套采用的是(　　)配合。

A. H7/m6　　　　　　　B. H7/e7　　　　　　　C. H7/r6

(6) 能将浇注系统凝料从定模板中推出,实现浇注系统凝料自动脱模的零件是(　　)。

A. 推料板　　　　　　　B. 推板　　　　　　　　C. 推件板

3. 判断题(对的在后面的括号内打√,错的打×)

(1) 在注射模中推杆与推杆孔之间一般采用 H7/m6 配合;型芯与固定板的配合一般采用的是 H8/f6 配合。　　　　　　　　　　　　　　　　　　　　　　　　　　(　　)

(2) 为了不影响塑料件的装配和使用,在采用推杆顶出的塑料模具中,推杆端面应高出型腔端面 0.05～0.1 mm。　　　　　　　　　　　　　　　　　　　　　　　　(　　)

(3) 在注射模中,推杆和复位杆端面均允许倒角。　　　　　　　　　　　　　　(　　)

（4）为保证注塑机喷嘴与浇口套对中，定位圈与注塑机固定模板上的安装孔应为H7/h6配合。　　　　　　　　　　　　　　　　　　　　　　　　（　　）

（5）主视图一般应反映模具的工作状态，因此必须按模具闭合状态画出。　（　　）

（6）在剖视图中除型芯等旋转体可以不画剖面线外，其他的均需画剖面线。（　　）

4. 简答题

（1）简述塑料模零件的测绘步骤。

（2）在模具测绘过程中你遇到了哪些问题？又是如何解决的？

附录

1. 公差、偏差和配合的基础 GB/T 1800.1—2009

2. 模塑件尺寸公差 GB/T 14486—2008

3. 内六角圆柱头螺钉 GB/T 70.1—2008

4. 紧固件、圆柱头用沉孔 GB/T 152.3—1988

5. 冲模滑动导向模架 GB/T 2851.1—2008

6. 冲模滑动导向模座 第1部分：上模座 GB/T 2855.1—2008

7. 冲模滑动导向模座 第2部分：下模座 GB/T 2855.2—2008

8. 冲模导向装置 第 1 部分:滑动导向导柱 GB/T 2861.1—2008

9. 冲模导向装置 第 3 部分:滑动导向导套 GB/T 2861.3—2008

10. 塑料注射模模架 GB/T 12555—2006

11. 推杆 GB/T 4169.1—2006

12. 直导套 GB/T 4169.2—2006

13. 带头导套 GB/T 4169.3—2006

14. 带头导柱 GB/T 4169.4—2006

15. 有肩导柱 GB/T 4169.5—2006

16. 垫块 GB/T 4169.6—2006

17. 推板 GB/T 4169.7—2006

18. 模板 GB/T 4169.8—2006

19. 限位钉 GB/T 4169.9—2006

20. 推板导套 GB/T 4169.12—2006

21. 复位杆 GB/T 4169.13—2006

22. 推板导柱 GB/T 4169.14—2006

23. 定位圈 GB/T 4169.18—2006

24. 浇口套 GB/T 4169.19—2006

25. 拉杆导柱 GB/T 4169.20—2006

参考文献

[1] 陈黎明,李淑宝.冲压工艺与模具设计[M].北京:电子工业出版社,2012.

[2] 单岩,卜学军,张凌云.模具拆装及成型实训[M].杭州:浙江大学出版社,2014.

[3] 单岩,蔡娥,罗晓晔,等.模具结构认知与拆装虚拟实验[M].杭州:浙江大学出版社,2009.

[4] 关小梅,黄斌聪.模具拆装与调试[M].北京:化学工业出版社,2015.

[5] 郭志强.塑料模具结构及拆装测绘实训教程[M].北京:化学工业出版社,2016.

[6] 刘晓芬,张凌.模具拆装与模具制造项目式实训教程[M].北京:电子工业出版社,2013.

[7] 人力资源和社会保障部教材办公室.机构拆装与检测[M].北京:中国劳动社会保障出版社,2013.

[8] 谭永林,陈志成.模具拆装与调试[M].重庆:重庆大学出版社,2017.

[9] 童永华,李慕译.模具拆装与调试技能训练[M].北京:中国铁道出版社,2012.

[10] 王晖,李大成.模具拆装及测绘实训教程[M].重庆大学出版社,2010.

[11] 谢力志,单岩,徐勤雁,贾方.模具拆装及成型实训教程[M].杭州:浙江大学出版社,2011.

[12] 杨海鹏.模具拆装与测绘[M].北京:清华大学出版社,2009.

[13] 杨荣祥.模具拆装项目训练教程[M].北京:高等教育出版社,2012.

[14] 余东权,陈伟忠.模具拆装与手工制作学习工作页[M].北京:中国劳动社会保障出版社,2015.

[15] 熊建武.模具零件的工艺设计与实施[M].北京:机械工业出版社,2009.

[16] 熊建武.模具制造工艺项目教程[M].上海:上海交通大学出版社,2010.

[17] 熊建武,何冰强.塑料成型工艺与注射模具设计[M].大连:大连理工大学出版社,2011.

[18] 熊建武,高汉华.注射模具设计指导与资料汇编[M].大连:大连理工大学出版社,2011.

[19] 谭海林,陈勇.模具制造工艺学[M].长沙:中南大学出版社.2009.

[20] 熊建武,熊昱洲.模具零件的手工制作与检测[M].北京:北京理工大学出版社,2011.

[21] 熊建武,张华.机械零件的公差配合与测量[M].大连:大连理工大学出版社,2010.

［22］ 熊建武,熊昱洲.模具零件的公差配合与选用[M].北京:化学工业出版社,2011.

［23］ 熊建武.模具零件的手工制作[M].北京:机械工业出版社,2009.

［24］ 熊建武.模具零件材料与热处理的选用[M].北京:化学工业出版社,2011.

［25］ 熊建武,杨辉.互换性与测量技术[M].南京:南京大学出版社,2011.

［26］ 吴兆祥.模具材料及表面处理[M].机械工业出版社,2005.

［27］ 张秀玲,黄红辉.塑料成型工艺与模具设计[M].中南大学出版社,2006.

［28］ 齐卫东.塑料模具设计与制造[M].高等教育出版社,2004.

［29］《冲模设计手册》编写组.冲模设计手册[M].机械工业出版社,1988.

［30］《塑料模设计手册》编写组.塑料模设计手册[M].机械工业出版社,2005.

［31］ 熊建武,宋炎荣.模具零件公差配合的选用[M].北京:机械工业出版社,2012.

［32］ 陈黎明,邓远华.冷冲模设计[M].北京:电子工业出版社,2013.

［33］ 金志刚,胡晓岳.注射模设计项目化实例教程[M].北京:机械工业出版社,2014.

［34］ 杨占尧.最新冲压模具标准及应用手册[M].北京:化学工业出版社,2010.

［35］ 杨占尧.塑料模具标准件及设计应用手册[M].北京:化学工业出版社,2008.

［36］ 刘铁石.模具装配、调试、维修与检验[M].北京:电子工业出版社,2012.